WTB

Wissenschaftliche Taschenbücher

Mathematik · Physik

Michael Gössel

Wahrscheinlichkeitsautomaten und Zufallsfolgen

Akademie-Verlag · Berlin

WTB Wissenschaftliche Taschenbücher

WERNER HABERDITZL
Magnetochemie

A. A. SOKOLOW
Elementarteilchen

HEINZ AHRENS
Varianzanalyse

HANS-JÜRGEN TREDER
Relativität und Kosmos
Raum und Zeit in Physik, Astronomie und Kosmologie

ALBERT EINSTEIN
Grundzüge der Relativitätstheorie

ALBERT EINSTEIN
Über die spezielle und die allgemeine Relativitätstheorie

GÜNTHER LUDWIG
Wellenmechanik. Einführung und Originaltexte

HARRY PAUL
Lasertheorie, Teil I und II

FRANZ RUDOLF KESSLER
Einführung in die physikalischen Grundlagen der Kernenergiegewinnung

D. TER HAAR
Quantentheorie. Einführung und Originaltexte

J. H. SANDERS
Die Lichtgeschwindigkeit. Einführung und Originaltexte

JEAN KUNTZMANN
Unendliche Reihen
Mathematische Hilfsmittel der Physik und Chemie
Mit 94 Übungen und 29 Aufgaben

JEAN KUNTZMANN
Systeme von Differentialgleichungen
Mathematische Hilfsmittel der Physik und Chemie
Mit 88 Übungen und 40 Aufgaben

JEAN KUNTZMANN
Komplexe Veränderliche
Mathematische Hilfsmittel der Physik und Chemie
Mit 90 Übungen und 37 Aufgaben

FERDINAND CAP
Einführung in die Plasmaphysik
I. Theoretische Grundlagen

FERDINAND CAP
Einführung in die Plasmaphysik
II. Wellen und Instabilität

FERDINAND CAP
Einführung in die Plasmaphysik
III. Magnetohydrodynamik

J. A. ROSANOW
Wahrscheinlichkeitstheorie

HARRY PFEIFER
Theorie linearer Bauelemente
Elektronik für den Physiker I

HARRY PFEIFER
Die Elektronenröhre
Elektronik für den Physiker II

HARRY PFEIFER
Schaltungen mit Elektronenröhren
Elektronik für den Physiker III

HARRY PFEIFER
Leitungen und Antennen
Elektronik für den Physiker IV

HARRY PFEIFER
Mikrowellenelektronik
Elektronik für den Physiker V

HARRY PFEIFER
Halbleiterelektronik
Elektronik für den Physiker VI

GERHARD HÜBNER / KLAUS JUNG / ECKART WINKLER
Die Rolle des Wassers in biologischen Systemen

STEPHEN G. BRUSH
Kinetische Theorie, Teil I und II
Einführung und Originaltexte

EBERHARD HOFMANN
Eiweiße und Nucleinsäuren als biologische Makromoleküle
Dynamische Biochemie, Teil I

EBERHARD HOFMANN
Enzyme und energieliefernde Stoffwechselreaktionen
Dynamische Biochemie, Teil II

EBERHARD HOFMANN
Intermediärstoffwechsel
Dynamische Biochemie, Teil III

EBERHARD HOFMANN
Grundlagen der Molekularbiologie und Regulation des Zellstoffwechsels
Dynamische Biochemie, Teil IV

HERBERT GOERING
Elementare Methoden zur Lösung von Differentialgleichungsproblemen

PETER KRUMBIEGEL
Isotopieeffekte

D. M. BRINK
Kernkräfte. Einführung und Originaltexte

DIETER ONKEN
Steroide
Zur Chemie und Anwendung

HEINZ GEILER
Ökologie der Land- und Süßwassertiere

ARTHUR P. CRACKNELL
Angewandte Gruppentheorie. Einführung und Originaltexte

DIETER KLAUA
Elementare Axiome der Mengenlehre

GÜNTER TEMBROCK
Grundlagen der Tierpsychologie

J. P. VINSON
Optische Kohärenz in der klassischen Theorie und in der Quantentheorie

W. R. HINDMARSH
Atomspektren. Einführung und Originaltexte

GÜNTER TEMBROCK
Biokommunikation
Informationsübertragung im biologischen Bereich
Teil I und II

ADOLF ZSCHUNKE
Kernmagnetische Resonanzspektroskopie in der organischen Chemie

DIETER MERKEL
Riechstoffe

JOHN CUNNINGHAM
Vektoren

GEORG DAUTCOURT
Relativistische Astrophysik

ERNST SCHMUTZER
Symmetrien und Erhaltungssätze der Physik

GERHARD LERCH
Pflanzenökologie

MICHAEL GÖSSEL
Angewandte Automatentheorie, Band I
Grundbegriffe

MICHAEL GÖSSEL
Angewandte Automatentheorie, Band II
Lineare Automaten und Schieberegister

HEINRICH KINDLER
Der Regelkreis. Eine Einführung.

A. R. KESSEL
Akustische Kernresonanz

WOLFRAM BRAUER / HANS-WALDEMAR STREITWOLF
Theoretische Grundlagen der Halbleiterphysik

HARRY PAUL
Nichtlineare Optik, Teil I und II

HANS BANDEMER / ANDREAS BELLMANN
WOLFHART JUNG / KLAUS RICHTER
Optimale Versuchsplanung

DIETRICH BENDER / ERNST-EGON PIPPIG
Einheiten — Maßsysteme — SI

DIETER KLAUA
Grundbegriffe der axiomatischen Mengenlehre, Teil I und II

E. G. GOLSTEIN
Konvexe Optimierung. Die Elemente der Theorie

HELMUT FRIEMEL / JOSEF BROCK
Grundlagen der Immunologie

SIEGFRIED HAUPTMANN
Über den Ablauf organisch-chemischer Reaktionen

EBERHARD TEUSCHER
Pharmakognosie, Teil I und II

JOACHIM NITSCHMANN
Entwicklung bei Mensch und Tier
Embryologie

R. A. R. TRICKER
Frühe Elektrodynamik

L. A. SKORNJAKOW
Elemente der Verbandstheorie

KONRAD KREHER
Festkörperphysik

N. D. SHEWANDROW
Polarisation des Lichtes

HANS-MARTIN BARCHET
Chemie photographischer Prozesse

DIETER KLAUA
Kardinal- und Ordinalzahlen, Teil 1 und 2

A. S. SONIN / B. A. STRUKOW
Ferroelektrizität

A. A. SMIRNOW
Metallphysik

VOLKER KEMPE
Theorie stochastischer Systeme

ROLF BORSDORF / MANFRED SCHOLZ
Spektroskopische Methoden in der organischen Chemie

KLAUS ODENING
Parasitismus. Grundfragen und Grundbegriffe

HANS DAWCZYNSKI
Temperaturbeständige Faserstoffe aus organischen Polymeren

HANS DAWCZYNSKI
Temperaturbeständige Faserstoffe aus anorganischen Polymeren

WOLFGANG PAULI
Vierpoltheorie

R. A. R. TRICKER
Die Beiträge von Faraday und Maxwell zur Elektrodynamik

GERALD WOLF
Neurobiologie

HORST KEHLEN / FRANK KUSCHEL / HORST SACKMANN
Grundlagen der chemischen Kinetik

HANS BERGNER
Tierernährung

MARTIN SCHMIDT
Pflanzenschutz im Gartenbau

MICHAEL GÖSSEL
Wahrscheinlichkeitsautomaten und Zufallsfolgen

Vorschau auf die nächsten Bände:

ULRICH SEDLAG
Biologische Schädlingsbekämpfung

WOLFGANG WAGNER
Chemische Thermodynamik

HANNELORE FISCHER / JOACHIM PIEHLER
Modellsysteme der Operationsforschung

ALBERT EINSTEIN
Grundzüge der Relativitätstheorie

ALBERT EINSTEIN
Über die spezielle und allgemeine Relativitätstheorie

HANS-JÜRGEN TREDER
Elementare Kosmologie

P. PAUFLER / D. LEUSCHNER
Kristallografische Grundbegriffe der Festkörperphysik

WTB

BAND 149

Michael Gössel

Wahrscheinlichkeitsautomaten und Zufallsfolgen

Mit 35 Abbildungen und 5 Tabellen

AKADEMIE-VERLAG · BERLIN

Reihe MATHEMATIK UND PHYSIK

Herausgeber:
Prof. Dr. phil. habil. W. Holzmüller, Leipzig
Prof. Dr. phil. habil. A. Lösche, Leipzig
Prof. Dr. phil. habil. H. Reichardt, Berlin
Prof. Dr. phil. habil. K. Schröder, Berlin
Prof. Dr. phil. habil. K. Schröter, Berlin
Prof. Dr. rer. nat. habil. H.-J. Treder, Potsdam

Verfasser:

Dr. sc. nat. M. Gössel

Zentralinstitut für Kybernetik und Informationsprozesse
der Akademie der Wissenschaften der DDR, Berlin

1975

Lizenznummer: 202 · 100/409/75
Herstellung: VEB Druckhaus „Maxim Gorki", 74 Altenburg
Bestellnummer: 761 924 9 (7149) · LSV 1074
Printed in GDR
EVP 8,–

Vorwort

Das vorliegende Taschenbuch befaßt sich mit stochastischen Automaten und Zufallsfolgen. Es wendet sich vorwiegend an einen technisch-naturwissenschaftlich, an Anwendungen interessierten Leserkreis. Zum besseren Verständnis werden meist endliche Automaten betrachtet. Die vielen, relativ ausführlichen Beispiele scheinen mir wesentlich.

Historisch geht der Begriff des stochastischen Automaten wohl auf [12] zurück.

Die Theorie der stochastischen Automaten wurde dann wesentlich von Mathematikern entwickelt (vgl. z. B. [3, 4, 29, 15, 1, 40]). Vom Standpunkt des Mathematikers aus lag es nahe, stochastische Automaten als Verallgemeinerung von determinierten Automaten zu betrachten. Unter diesem Gesichtswinkel wurden zunächst die klassischen Fragestellungen der Theorie determinierter Automaten für stochastische Automaten untersucht (Minimierung, Akzeptorverhalten u. a.).

Strukturelle Probleme und systemtheoretische Fragestellungen traten vergleichsweise in den Hintergrund. Gerade mit diesen Problemen, die den Techniker und Naturwissenschaftler besonders betreffen, will sich das vorliegende Bändchen hauptsächlich beschäftigen. Von den klassischen Fragestellungen wird das Problem der Zustandsreduktion und Minimierung für endliche stochastische Automaten unter Verwendung von Methoden der linearen Algebra betrachtet. Anschließend wird die Realisierung von stochastischen Automaten aus Zufallsgeneratoren und determinierten Automaten untersucht und die Synthese von kombinatorischen Wahrscheinlichkeitsautomaten besprochen.

Ausführlich gehen wir ein auf das Problem der Transformation von BERNOULLI-Folgen in andere BERNOULLI-Folgen und allgemein auf die Verarbeitung von Zufallsfolgen durch abstrakte Automaten.

Systemtheoretisch interessant scheint mir die Charakterisierung von Automatenklassen, die bezüglich Klassen von Zufallsfolgen ein bestimmtes Transformationsverhalten haben. Wir betrachten als solche Automatenklassen stochastische, determinierte, endliche stochastische und endliche determinierte Automaten. Automaten mit Schiebstruktur und lineare Automaten. Ein kurzer Abschnitt ist stochastischen linearen Automaten gewidmet, die als Modell unzuverlässiger linearer Automaten dienen können.

Den Abschluß bilden Untersuchungen zum Rückkopplungsprinzip in der Automatentheorie. „Zweckmäßiges Verhalten" und „Automaten mit veränderlicher Struktur" sind die wesentlichen Stichpunkte. Gerade auch auf diesem Gebiet könnte eine weitere Entwicklung und Anwendung der Automatentheorie möglich und sinnvoll sein, etwa bei der Prozeßsteuerung, beim Aufbau komplexer, sich selbst regulierender Systeme und in der Biologie.

In einem Anhang sind einige Grundlagen der Wahrscheinlichkeitstheorie zusammengestellt.

Viele — auch angewandte — Probleme konnten nicht berücksichtigt werden, so etwa die der Zuverlässigkeit diskreter Systeme (vgl. z. B. [41]).

Zum Verständnis des Buches sind m. E. keine speziellen mathematischen Vorkenntnisse erforderlich. Die Kenntnis der Grundlagen der Theorie determinierter Automaten, wie sie etwa in [42, 43] dargestellt sind, dürfen das Lesen des Buches erleichtern.

Viele der hier dargestellten Gedanken sind in gemeinsamer Arbeit und Diskussion mit Herrn Dr. H.-D. MODROW, Berlin, entstanden. Tatkräftig unterstützten mich bei der endgültigen Abfassung des Manuskriptes Herr Dr. C. und Frau U. FÜLLE, Jena.

Herrn Prof. Dr. P. H. MÜLLER, Dresden, danke ich sehr herzlich für Diskussionen und Hinweise.

Dem Akademie-Verlag, besonders Frl. Dipl.-Math. R. HELLE und Frau Dipl.-Phys. G. LAGOWITZ, sowie dem Druckhaus „Maxim Gorki", Altenburg, danke ich für gute Zusammenarbeit.

MICHAEL GÖSSEL

Inhaltsverzeichnis

1. Definition und Arbeitsweise stochastischer Automaten

Wir führen zunächst ein mathematisches Modell eines zufällig arbeitenden Systems, das Modell stochastischer Automat ein, um dann an Hand dieses Modells Gesetzmäßigkeiten und Anwendungen zufällig arbeitender Systeme mathematisch präzisiert untersuchen zu können. Ein *stochastischer Automat* läßt sich als eine Verallgemeinerung eines determinierten Automaten auffassen. Ausgehend vom Begriff des determinierten Automaten [42] sind verschiedene sinnvolle verallgemeinerte Automatenbegriffe denkbar.

Zu den Bestimmungsstücken eines Automaten gehören stets die Input-, Output- und Zustandsmengen, die mit X, Y, Z bezeichnet seien. Anstelle der determinierten Abbildung f (Überführungsfunktion) und g (Ergebnisfunktion) eines determinierten Automaten, $f\colon X \times Z \rightarrow Z$ und $g\colon X \times Z \rightarrow Y$, die wir auch zu einer Abbildung $h\colon X \times Z \rightarrow Z \times Y$ zusammenfassen können, kann man stochastische, indeterminierte [1] und auch unscharfe (fuzzy) [2] Zuordnungen betrachten. Wir beschäftigen uns hier mit dem Fall stochastischer Zuordnungen und damit mit stochastischen Automaten. Wie in [42] und [43] sollen die untersuchten Automaten taktweise in einer diskreten Zeit und synchron arbeiten.

Um nicht mit komplizierten Fragen der Wahrscheinlichkeitstheorie konfrontiert zu werden, die hier nicht interessieren, setzen wir voraus, daß die Input-, Output- und Zustandsmengen der betrachteten Automaten höchstens abzählbar unendlich sind.

Neben Input-, Output- und Zustandsmengen ist als weiteres Bestimmungsstück eines stochastischen Automaten die Wahrscheinlichkeit $P(z', y/z, x)$ vorzugeben, daß der Automat bei anliegendem Input $x \in X$ und vorliegendem Zustand $z \in Z$ das Outputsymbol $y \in Y$ ausgibt und in den Zustand $z' \in Z$ übergeht.

Jedem Paar x, z mit $x \in X$ und $z \in Z$ ist damit eine Wahrscheinlichkeitsverteilung[1]) auf der Menge $Z \times Y$ zugeordnet, die jedem Paar z', y mit $z' \in Z$ und $y \in Y$ eine reelle Zahl aus dem Intervall $\langle 0,1 \rangle$, nämlich $P(z', y/z, x)$, mit

$$0 \leqq P(z', y/z, x) \leqq 1$$

und

$$\sum_{\substack{z' \in Z \\ y \in Y}} P(z', y/z, x) = 1$$

zuweist. P läßt sich somit auch als eine Abbildung der Menge $Z \times Y \times Z \times X$ in das reelle Intervall $\langle 0,1 \rangle$ auffassen. Ein stochastischer Automat nimmt einen Zustand z der Zustandsmenge Z mit Wahrscheinlichkeit an. Der Zustand eines stochastischen Automaten in einem Takt t ist deshalb durch eine Wahrscheinlichkeitsverteilung $\mathfrak{z}(t)$ über Z zu charakterisieren. Dabei sei mit $\mathfrak{z}(t)(z)$ die Wahrscheinlichkeit bezeichnet, daß der betrachtete Automat im Takt t den Zustand $z \in Z$ annimmt.

Die Wahrscheinlichkeitsverteilung $\mathfrak{z}(t)$ über Z heißt *stochastischer Zustand* des betrachteten Automaten im Takt t. An die Stelle des Zustandes der Zustandsmenge eines determinierten Automaten tritt also beim stochastischen Automaten der stochastische Zustand, eine Verteilung über der Zustandsmenge.

Jeder stochastische Zustand $\mathfrak{z}$ läßt sich als Abbildung

$$\mathfrak{z}: Z \to \langle 0,1 \rangle$$

mit

$$\sum_{z \in Z} \mathfrak{z}(z) = 1$$

---

[1]) Im Falle einer unendlichen Menge $Z \times Y$ genauer ein diskretes Wahrscheinlichkeitsmaß.

auffassen, und jede solche Abbildung beschreibt einen stochastischen Zustand. Es ist klar, daß sich auch jeder Zustand $z' \in Z$ als (determinierter) stochastischer Zustand $\mathfrak{z}$ mit

$$\mathfrak{z}(z) = \begin{cases} 1 & \text{für } z = z', \\ 0 & \text{sonst} \end{cases}$$

darstellen läßt.

Wir definieren nun [1, 3, 4, 5, 6]:

Ein 5-Tupel $\mathscr{C} = (X, Y, Z, P, \mathfrak{z}_0)$

X, Y, Z höchstens abzählbar unendliche Mengen (Input-, Output-, Zustandsmenge)

$P: Z \times Y \times Z \times X \to \langle 0,1 \rangle$ (Übergangswahrscheinlichkeit)

$$\text{mit } \sum_{\substack{z \in Z \\ y \in Y}} P(x', y/z, x) = 1 \tag{1}$$

$\mathfrak{z}_0: Z \to \langle 0,1 \rangle$ (stochastischer Anfangszustand)

$$\text{mit } \sum_{z \in Z} \mathfrak{z}_0(z) = 1$$

heißt *initialer stochastischer Automat.*

Dabei interpretieren wir $P(z'\, y/z, x)$ mit $x \in X$; $y \in Y$; $z, z' \in Z$ als die Wahrscheinlichkeit, daß $\mathscr{C}$ im Zustand z im Takte t bei Eingabe von x im Takte t den Output y im Takte t ausgibt und im Takt $t + 1$ in den Zustand z' übergegangen ist.[1])

Durch

$P_f(z'/z, x)$ mit

$$P_f(z'/z, x) \underset{Df}{=} \sum_{y \in Y} P(z', y/z, x) \tag{2}$$

ist dann die Wahrscheinlichkeit, daß der Automat $\mathscr{C}$ im Zustand z bei Eingabe von x in den Zustand z' über-

---

[1]) Manchmal interpretiert man $P(z', y/z, x)$ als die Wahrscheinlichkeit, daß $\mathscr{C}$ im Zustand z im Takte t bei Eingabe von x im Takte t den Output y im Takte $t + 1$ ausgibt und im Takt $t + 1$ in dem Zustand z' übergegangen ist.

geht, beschrieben und durch $P_g(\text{y}/\text{z}, \text{x})$

$$P_g(\text{y}/\text{z}, \text{x}) \underset{Df}{=} \sum_{\text{z}' \in \text{Z}} P'(\text{z}, \text{y}/\text{z}, \text{x}) \tag{3}$$

die Wahrscheinlichkeit, daß der Automat $\mathscr{C}$ im Zustand z bei Eingabe von x das Outputsymbol y ausgibt.

Sind X, Y, Z endliche Mengen, so heißt $\mathscr{C}$ *initialer endlicher stochastischer Automat.*[1])

Ist kein Anfangszustand vorgegeben, so beschreibt das 4-Tupel $\mathscr{C} = (\text{X}, \text{Y}, \text{Z}, P)$ einen (nichtinitialen) stochastischen Automaten.

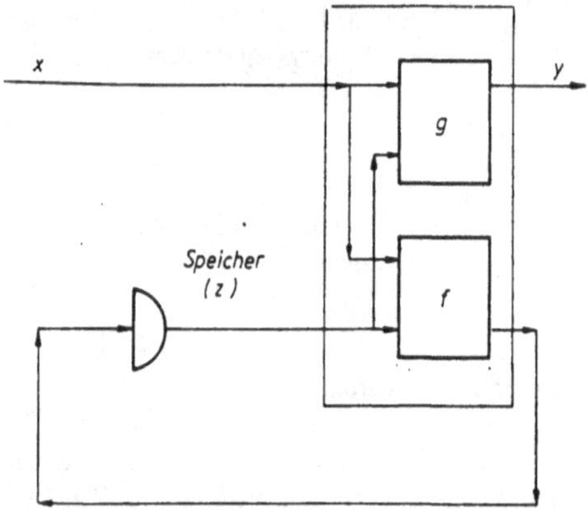

Abb. 1

Im Falle determinierter Automaten unterscheiden wir Moore- und Mealy-Automaten, wobei sich ein Moore-Automat als spezieller Mealy-Automat auffassen läßt. Eine schematische Darstellung des Mealy Automaten zeigt Abb. 1.

Die Abbildung h: $\text{X} \times \text{Z} \to \text{Z} \times \text{Y}$ läßt sich als eine zweikomponentige Abbildung $h = (h_1, h_2)$ mit $h_1 = f$

---

[1]) Im Unterschied zu dem Fall determinierter Automaten gibt es zu vorgegebenen endlichen Input-Output- und Zustandsalphabeten unendlich viele unterschiedliche stochastische Automaten, da die Wahrscheinlichkeiten kontinuierlich wählbar sind.

und $h_2 = g$; f: $X \times Z \to Z$ und g: $X \times Z \to Y$ auffassen. Ebenso wie durch f und g die Abbildung h festgelegt ist, sind es dann f und g durch Vorgabe von h.

Abb. 2 gibt die schematische Darstellung eines stochastischen Automaten.

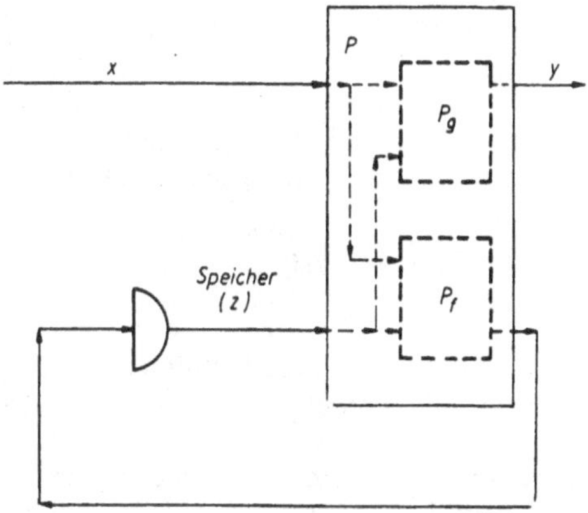

Abb. 2

Das mit P markierte Kästchen des stochastischen Automaten läßt sich nur in Spezialfällen analog zu Abb. 1 strukturieren. Die Strukturierung ist deshalb gestrichelt eingezeichnet. Sie ist in der eingezeichneten Weise möglich, wenn für alle z, z' ∈ x ∈ X, y ∈ Y

$$P(z', y/z, x) = P_f(z'/z, x) \cdot P_g(y/z, x) \qquad (4)$$

gilt, Folgezustand und Output also stochastisch unabhängig sind.

Einen stochastischen Automaten für den (4) erfüllt ist, bezeichnet man in Anlehnung an den determinierten Fall als *stochastischen* MEALY-*Automaten*. Ist außerdem $P_g(y/z, x)$ unabhängig von x, d. h., gilt für alle x, x' ∈ X

$$P_g(y/z, x) = P_g(y/z, x') \underset{Df}{=} P(y/z), \qquad (5)$$

so sprechen wir von einem *stochastischen* MOORE-*Automaten*. Gibt es nun für jedes $z \in Z$ genau ein $y_z \in Y$, so daß $P(y_z/z) = 1$ und $P(y/z) = 0$ für $y \neq y_z$ ist, so bezeichnen wir den vorliegenden stochastischen MOORE-Automaten als outputdeterminiert.

Jedem Zustand z ist dann mit Wahrscheinlichkeit 1, d. h. praktisch determiniert, ein Outputsymbol y_z zugeordnet. Diese determinierte Zuordnung beschreibt man auch durch eine determinierte Markierungsfunktion g, $g: Z \to Y$. Ein outputdeterminierter initialer stochastischer MOORE-Automat $\mathscr{C}$ kann dann auch in der Form

$$\mathscr{C} = (X, Y, Z, P_f, g, \mathfrak{z}_0)$$

angegeben werden.

Analog lassen sich auch zustandsdeterminierte Automaten und etwa outputdeterminierte MEALY-Automaten betrachten.

Es ist unmittelbar klar, daß sich jeder (initiale) determinierte Automat $\mathscr{A} = (X, Y, Z, f, g, z_0)$ (mit höchstens abzählbar unendlichen Mengen X, Y und Z) als stochastischer initialer Automat $\mathscr{C}_{\mathscr{A}} = (X, X, Z, P, \mathfrak{z}_0)$ mit

$$\mathfrak{z}_0(z) = \begin{cases} 1 & \text{für } z = z_0, \\ 0 & \text{sonst} \end{cases}$$

und

$$P(z', y/z, x) = \begin{cases} 1 & \text{für } f(z, x) = z' \text{ und } g(z, x) = y, \\ 0 & \text{sonst} \end{cases}$$

auffassen läßt. $\mathscr{C}_{\mathscr{A}}$ bezeichnen wir als determinierten stochastischen Automaten.

Ausgehend von der Interpretation von $P(z', y/z, x)$ beschäftigen wir uns nun mit der Arbeitsweise und dem Verhalten stochastischer Automaten und betrachten hier zunächst den Fall determinierter Eingabe von Wörtern aus der freien Halbgruppe F(X) über X in $\mathscr{C} = [X, Y, Z, P, \mathfrak{z}_0]$. Zu F(X) gehört auch das leere Wort Λ, das „keine wesentliche Eingabe“ bedeutet. An jedem physikalisch realen System liegt natürlich stets ein realer Input an. Durch eine zweckmäßige Einteilung der Inputs in „wesentliche“ und „unwesentliche“, kann man oftmals die Eingabe unwesentlicher Inputs als Eingabe des leeren Wortes erfassen. (So wird man etwa bei einem Telephonwähler, an dem nicht gewählt wird, davon sprechen, daß das leere Wort eingegeben wird, obwohl an jedem Punkt der realen Schaltung eine wohldefinierte Spannung anliegt).

Die Eingabe von $\Lambda \in \mathrm{F}(\mathrm{X})$ in $\mathscr{C}$ soll am Zustand von $\mathscr{C}$ nichts ändern und mit Sicherheit die Ausgabe von $\Lambda \in \mathrm{F}(\mathrm{Y})$ zur Folge haben. Diese Überlegung führt zu der Forderung

$$P(\mathrm{z}', \mathrm{y}/\mathrm{z}, \Lambda) = \begin{cases} 1 \text{ für } \mathrm{z} = \mathrm{z}' \text{ und } \mathrm{y} = \Lambda, \\ 0 \text{ sonst.} \end{cases} \tag{6}$$

Bei Eingabe eines Inputwortes $\mathrm{p} = \mathrm{x}_1\mathrm{x}_2\ldots\mathrm{x}_L$ ist die Wahrscheinlichkeit $Q_{\mathscr{C}}(\mathfrak{z}_0)\,(\mathrm{q}, \mathrm{r}/\mathrm{p})$, daß $\mathscr{C}$ das Zustandswort $\mathrm{r} = \mathrm{z}_1\mathrm{z}_2\ldots\mathrm{z}_L$ durchläuft und das Outputwort $\mathrm{q} = \mathrm{y}_1\mathrm{y}_2\ldots\mathrm{y}_L$ ausgibt, durch

$$Q_{\mathscr{C}}(\mathfrak{z}_0)(\mathrm{q}, \mathrm{r}/\mathrm{p}) = \sum_{\mathrm{z}\in\mathrm{Z}} \mathfrak{z}_0(\mathrm{z}) P(\mathrm{z}_1, \mathrm{y}_1/\mathrm{z}, \mathrm{x}_1) \cdot P(\mathrm{z}_2, \mathrm{y}_2/\mathrm{z}_1, \mathrm{x}_2) \cdots P(\mathrm{z}_L, \mathrm{y}_L/\mathrm{z}_{L-1}, \mathrm{x}_L) \tag{7}$$

bestimmt. Für $|\mathrm{q}| \neq |\mathrm{r}|$, $|\mathrm{q}| \neq |\mathrm{p}|$ oder $|\mathrm{p}| \neq |\mathrm{r}|$ gilt

$$Q_{\mathscr{C}}(\mathfrak{z}_0)(\mathrm{q}, \mathrm{r}/\mathrm{p}) = 0.$$

Im allgemeinen interessiert man sich für das Input-Output-Verhalten von $\mathscr{C}$.

Für die Wahrscheinlichkeit $P_{\mathscr{C}}(\mathfrak{z}_0)\,(\mathrm{q}/\mathrm{p})$, daß $\mathscr{C}$ im Initialzustand $\mathfrak{z}_0$ bei Eingabe von $\mathrm{p} \in \mathrm{F}(\mathrm{X})$ das Wort $\mathrm{q} \in \mathrm{F}(\mathrm{Y})$ ausgibt, gilt

$$P_{\mathscr{C}}(\mathfrak{z}_0)\,(\mathrm{q}/\mathrm{p}) = \sum_{\mathrm{z},\mathrm{z}_1,\ldots,\mathrm{z}_L\in\mathrm{Z}} \mathfrak{z}_0(\mathrm{z})\, P(\mathrm{z}_1, \mathrm{y}_1/\mathrm{z}, \mathrm{x}_1)\, P(\mathrm{z}_2, \mathrm{y}_2/\mathrm{z}_1, \mathrm{x}_2) \cdots P(\mathrm{z}_L, \mathrm{y}_L/\mathrm{z}_{L-1}, \mathrm{x}_L) \tag{8}$$

$$\text{für } \mathrm{p} = \mathrm{x}_1\ldots\mathrm{x}_L \quad \text{und } \mathrm{q} = \mathrm{y}_1\ldots\mathrm{y}_L$$

$$P_{\mathscr{C}}(\mathfrak{z}_0)(\Lambda/\Lambda) = 1,$$
$$P_{\mathscr{C}}(\mathfrak{z}_0)(q/p) = 0 \quad \text{für } |q| \neq |p|.$$

Die Abbildung $P_{\mathscr{C}}(\mathfrak{z}_0)$
$P_{\mathscr{C}}(\mathfrak{z}_0) : F(Y) \times F(X) \to \langle 0,1 \rangle$
mit
$$P_{\mathscr{C}}(\mathfrak{z}_0)(q/p) = 0 \quad \text{für } |q| \neq |p|$$
und
$$\sum_{q \in F(Y)} P_{\mathscr{C}}(\mathfrak{z}_0)(q/p) = 1,$$

die wir auch als Abbildung von F(X) in die Menge der Wahrscheinlichkeitsverteilungen über F(Y) auffassen können, bezeichnet man als *Verhaltensfunktion des stochastischen Automaten*

$$\mathscr{C} = [X,Y,Z,P,\mathfrak{z}_0].$$

Einem Inputwort $p \in F(X)$ ist durch $\mathscr{C}$ eine Verteilung über F(Y) zugeordnet, wobei mit positiver Wahrscheinlichkeit zu einem gegebenen p' nur Wörter $q' \in F(Y)$ mit $|q'| = |p'|$ auftreten.
Für den Spezialfall, daß

$$\mathfrak{z}_0(t) = \begin{cases} 1 \text{ für } z = z_i, \\ 0 \text{ für } z \neq z_i \end{cases}$$

gilt (der Anfangszustand ist also $z_i \in Z$), setzen wir $P_{\mathscr{C}}(z_i)(q/p) = \eta_i\,(q/p)$, und es gilt dann für $p = x_1 \ldots x_L$ und $q = y_1 \ldots y_L$, $L \geqq 1$

$$\eta_i(q/p) = \sum_{z_1,z_2,\ldots,z_L \in Z} P(z_1,y_1/z_i,x_1) \cdot P(z_2,y_2/z_1,x_2) \cdot \ldots \cdot P(z_L,y_L/z_{L-1},x_L) \qquad (9)$$

bzw. für
$$q = p = \Lambda,$$
$$\eta_i(\Lambda/\Lambda) = 1$$
und
$$P_{\mathscr{C}}(\mathfrak{z}_0)(q/p) = \sum_{z_i \in Z} \mathfrak{z}_0(z_i)\, \eta_i(q/p). \qquad (10)$$

Wir betrachten nun endliche Automaten unter Verwendung des Matrizenkalküls.

Wegen der vorausgesetzten Endlichkeit der Input-, Output- und Zustandsmengen können wir insbesondere die Elemente der Zustandsmenge Z von 1 bis zu einem festen n numeriert annehmen. Wir setzen $\mathrm{Z} = \{\mathrm{z}_1, \ldots, \mathrm{z}_n\}$.

Die Zustände $\mathrm{z}_i \in \mathrm{Z}$, $i = 1, \ldots, n$, kodieren wir als Einheitsvektoren $\mathfrak{z}_i$ des n-dimensionalen Vektorraumes über den reellen Zahlen.

$$\mathfrak{z}_1 = (100\cdots00),\ \mathfrak{z}_2 = (010\cdots00), \ldots, \mathfrak{z}_i = \overbrace{(\underbrace{0\cdots01}_{i}0\cdots0)}^{n}\cdots,$$
$$\mathfrak{z}_n = (0\cdots01).$$

Ein stochastischer Zustand $\mathfrak{z} = \big(\mathfrak{z}(\mathrm{z}_1), \mathfrak{z}(\mathrm{z}_2), \ldots, \mathfrak{z}(\mathrm{z}_n)\big)$ läßt sich dann als (konvexe) Linearkombination der Einheitsvektoren $\mathfrak{z}_i$ schreiben.

$$\mathfrak{z} = \sum_{i=1}^{n} \mathfrak{z}(\mathrm{z}_i)\, \mathfrak{z}_i \tag{11}$$

mit

$$\mathfrak{z}(\mathrm{z}_i) \geqq 0, \quad i = 1, 2, \ldots, n,$$

und

$$\sum_{i=1}^{n} \mathfrak{z}(\mathrm{z}_i) = 1.$$

Die Größen $P(\mathrm{z}_1', \mathrm{y}/\mathrm{z}, \mathrm{x})$, $\mathrm{x} \in \mathrm{X}$; $\mathrm{y} \in \mathrm{Y}$; $\mathrm{z}, \mathrm{z}' \in \mathrm{Z}$ fassen wir zu den $|\mathrm{x}| \cdot |\mathrm{y}|$ quadratischen $n \times n$-Matrizen $\mathbf{P}(\mathrm{y}/\mathrm{x}) = \big(P_{ij}(\mathrm{y}/\mathrm{x})\big)$ mit

$$P_{ij}(\mathrm{y}/\mathrm{x}) = P(\mathrm{z}_j, \mathrm{y}/\mathrm{z}_i, \mathrm{x}) \tag{12}$$

zusammen. Die Matrixelemente $P_{ij}(\mathrm{y}/\mathrm{x})$ geben dann die Wahrscheinlichkeit des Überganges von z_i nach z_j bei Eingabe von x und Ausgabe von y an.

Um die Wahrscheinlichkeit des Überganges von $\mathrm{z}_i \in \mathrm{Z}$ nach $\mathrm{z}_j \in \mathrm{Z}$ bei Eingabe von $\mathrm{p} \in \mathrm{F(X)}$ und Ausgabe von $\mathrm{q} \in \mathrm{F(Y)}$ mit $|\mathrm{p}| = |\mathrm{q}|$ zu berechnen, bilden wir für $\mathrm{p} = \mathrm{x}_1\mathrm{x}_2\ldots\mathrm{x}_L$ und $\mathrm{q} = \mathrm{y}_1\mathrm{y}_2\cdots\mathrm{y}_L$, $L \geqq 1$

die Matrix

$$\mathbf{P}(\mathrm{q}/\mathrm{p}) = \mathbf{P}(\mathrm{y}_1/\mathrm{x}_1) \cdot \mathbf{P}(\mathrm{y}_2/\mathrm{x}_2) \cdots \mathbf{P}(\mathrm{y}_L/\mathrm{x}_L).$$

Für $\mathrm{p} = \mathrm{q} = \Lambda$ setzen wir

$$\mathbf{P}(\Lambda/\Lambda) = \mathbf{I},$$

wobei $\mathbf{I}$ die n-dimensionale Einheitsmatrix ist. Das Matrixelement $P_{ij}(\mathrm{q}/\mathrm{p})$ ist gerade die gesuchte Wahrscheinlichkeit. Setzen wir noch

$P_{ij}(\mathrm{q}'/\mathrm{p}') = 0$ für $|\mathrm{q}'| \neq |\mathrm{p}|$; $i, j = 1, \ldots, n$; so läßt sich (8) als

$$P_{\mathscr{C}}(\mathfrak{z}_0)(\mathrm{q}/\mathrm{p}) = \mathfrak{z}_0 \cdot \mathbf{P}(\mathrm{q}/\mathrm{p}) \cdot \mathfrak{n}$$

$$= \begin{cases} \mathfrak{z}_0 \cdot \mathbf{P}(\mathrm{y}_1/\mathrm{x}_1) \cdots \mathbf{P}(\mathrm{y}_L/\mathrm{x}_L) \cdot \mathfrak{n} & \text{für } \mathrm{p} = \mathrm{x}_1 \cdots \mathrm{x}_L, \\ & \phantom{\text{für }} \mathrm{q} = \mathrm{y}_1 \ldots \mathrm{y}_2,\ L \geqq 1 \\ \mathfrak{z}_0 \cdot \mathbf{P}(\Lambda/\Lambda) \cdot \mathfrak{n} = 1 & \text{für } \mathrm{p} = \mathrm{q} = \Lambda \\ 0 & \text{für } |\mathrm{p}| \neq |\mathrm{q}| \end{cases} \tag{13}$$

schreiben, wenn wir mit $\mathfrak{n}$,

$$\mathfrak{n} = \begin{pmatrix} 1 \\ \vdots \\ \vdots \\ 1 \end{pmatrix},$$

den n-dimensionalen Spaltenvektor, dessen Komponenten 1 sind, bezeichnen. Der Multiplikation mit $\mathfrak{n}$ in (13) entspricht in (8) die Summation über $\mathrm{z}_L \in \mathrm{Z}$.

Dadurch, daß wir den durch konvexe Linearkombination der Einheitsvektoren $\mathfrak{z}_i$, $i = 1, \ldots, n$, gegebenen Zustandraum einführten, läßt sich die Arbeitsweise eines endlichen stochastischen Automaten als Aufeinanderfolge linearer Transformationen in diesem Raum verstehen. In (13) wird der Initialzustand $\mathfrak{z}_0$ schrittweise den durch die Matrixen $\mathbf{P}(\mathrm{y}_1/\mathrm{x}_1)$, $\mathbf{P}(\mathrm{y}_2/\mathrm{x}_2), \ldots, \mathbf{P}(\mathrm{y}_L/\mathrm{x}_L)$ bestimmten linearen Transformationen unterworfen.

Setzen wir

$$\eta(\mathrm{q}/\mathrm{p}) = \begin{pmatrix} \eta_1(\mathrm{q}/\mathrm{p}) \\ \vdots \\ \eta_m(\mathrm{q}/\mathrm{p}) \end{pmatrix},$$

so erhält man aus (9) sofort (14)

$$\eta(\mathrm{q}/\mathrm{p}) = \mathbf{P}(\mathrm{q}/\mathrm{p}) \cdot \mathfrak{n}, \tag{14}$$

und (13) schreibt sich als

$$P_{\mathscr{C}}(\mathfrak{z}_0)(\mathrm{q}/\mathrm{p}) = \mathfrak{z}_0 : \eta(\mathrm{q}/\mathrm{p}). \tag{15}$$

Durch die n Komponenten $\eta_1(\mathrm{q}/\mathrm{p}), \ldots, \eta_n(\mathrm{q}/\mathrm{p})$ des Vektors $\eta(\mathrm{q}/\mathrm{p})$ ist das Input-Output-Verhalten eines stochastischen Automaten für die Initialzustände $\mathrm{z}_1, \ldots, \mathrm{z}_n \in \mathrm{Z}$ beschrieben.

Die bisherigen Überlegungen und Definitionen illustrieren wir am folgenden Beispiel:

Sei $\mathscr{C} = (\mathrm{X}, \mathrm{Y}, \mathrm{Z}, P, \mathfrak{z}_0)$ mit

$$\mathrm{X} = \{\mathrm{x}_1, \mathrm{x}_2\},\ \mathrm{Y} = \{\mathrm{y}_1, \mathrm{y}_2\},\ \mathrm{Z} = \{\mathrm{z}_1 = (100),$$
$$\mathrm{z}_2 = (010),\ \mathrm{z}_3 = (001)\},$$

$$\mathbf{P}(\mathrm{y}_1/\mathrm{x}_1) = \begin{pmatrix} \frac{1}{4} & 0 & \frac{1}{4} \\ 0 & 1 & 0 \\ \frac{1}{4} & 0 & \frac{1}{4} \end{pmatrix}, \qquad \mathbf{P}(\mathrm{y}_2/\mathrm{x}_1) = \begin{pmatrix} 0 & \frac{1}{2} & 0 \\ 0 & 0 & 0 \\ 0 & \frac{1}{4} & \frac{1}{4} \end{pmatrix}$$

$$\mathbf{P}(\mathrm{y}_1/\mathrm{x}_2) = \begin{pmatrix} 0 & \frac{1}{2} & \frac{1}{2} \\ 0 & 0 & \frac{1}{4} \\ 0 & 0 & 0 \end{pmatrix}, \qquad \mathbf{P}(\mathrm{y}_2/\mathrm{x}_2) = \begin{pmatrix} 0 & 0 & 0 \\ \frac{1}{2} & \frac{1}{4} & 0 \\ 0 & 1 & 0 \end{pmatrix}$$

und

$$\mathfrak{z}_0 = \left(\frac{1}{2}\ \frac{1}{4}\ \frac{1}{4}\right) = \frac{1}{2}\,(100) + \frac{1}{4}\,(010) + \frac{1}{4}\,(001).$$

Zunächst überzeugt man sich sofort, daß

$$\sum_{\substack{k=1\\ j=1}}^{\substack{j=3\\ k=2}} P_{ij}(\mathrm{y}_k/\mathrm{x}_l) = 1 \qquad \text{für} \quad \begin{array}{l} i = 1, 2, 3, \\ l = 1, 2 \end{array}$$

gilt und durch $\mathscr{C}$ ein stochastischer Automat korrekt definiert ist.

Für die Verhaltensfunktion $P_{\mathscr{C}}$ ergibt sich:

$$P_{\mathscr{C}}(\mathfrak{z}_0)(\Lambda/\Lambda) = \mathfrak{z}_0 \cdot \mathbf{I} \cdot \mathfrak{n} = \left(\frac{1}{2}\ \frac{1}{4}\ \frac{1}{4}\right) \begin{pmatrix} 1 & 0 & 0 \\ 0 & 1 & 0 \\ 0 & 0 & 1 \end{pmatrix} \begin{pmatrix} 1 \\ 1 \\ 1 \end{pmatrix} = 1$$

$$P_{\mathscr{C}}(\mathfrak{z}_0)(\mathrm{y}_1/\mathrm{x}_1) = \mathfrak{z}_0 \cdot \mathbf{P}(\mathrm{y}_1/\mathrm{x}_1)\,\mathfrak{n}$$

$$= \left(\frac{1}{2}\ \frac{1}{4}\ \frac{1}{4}\right) \begin{pmatrix} \frac{1}{4} & 0 & \frac{1}{4} \\ 0 & 1 & 0 \\ \frac{1}{4} & 0 & \frac{1}{4} \end{pmatrix} \begin{pmatrix} 1 \\ 1 \\ 1 \end{pmatrix} = \frac{5}{8}$$

$$P_{\mathscr{C}}(\mathfrak{z}_0)(\mathrm{y}_2/\mathrm{x}_1) = \mathfrak{z}_0 \cdot \mathbf{P}(\mathrm{y}_2/\mathrm{x}_1) \cdot \mathfrak{n}$$

$$= \left(\frac{1}{2}\ \frac{1}{4}\ \frac{1}{4}\right) \begin{pmatrix} 0 & \frac{1}{2} & 0 \\ 0 & 0 & 0 \\ 0 & \frac{1}{4} & \frac{1}{4} \end{pmatrix} \begin{pmatrix} 1 \\ 1 \\ 1 \end{pmatrix} = \frac{3}{8}$$

$$P_{\mathscr{C}}(\mathfrak{z}_0)(\mathrm{y}_1/\mathrm{x}_2) = \mathfrak{z}_0 \cdot \mathbf{P}(\mathrm{y}_1/\mathrm{x}_2) \cdot \mathfrak{n} = \frac{9}{16}$$

$$P_{\mathscr{C}}(\mathfrak{z}_0)(\mathrm{y}_2/\mathrm{x}_2) = \mathfrak{z}_0 \cdot \mathbf{P}(\mathrm{y}_2/\mathrm{x}_2) \cdot \mathfrak{n} = \frac{7}{16}$$

$$P_{\mathscr{C}}(\mathfrak{z}_0)(\mathrm{y}_1\mathrm{y}_1/\mathrm{x}_1\mathrm{x}_1) = \mathfrak{z}_0 \cdot \mathbf{P}(\mathrm{y}_1/\mathrm{x}_1) \cdot \mathbf{P}(\mathrm{y}_1/\mathrm{x}_1) \cdot \mathfrak{n} = \frac{7}{16}$$

$$P_{\mathscr{C}}(\mathfrak{z}_0)(y_1y_2/x_1x_1) = \mathfrak{z}_0 \cdot \mathbf{P}(y_1/x_1) \cdot \mathbf{P}(y_2/x_1) \cdot \mathfrak{n} = \frac{3}{16}$$

$$P_{\mathscr{C}}(\mathfrak{z}_0)(y_2y_1/x_1x_1) = \mathfrak{z}_0 \cdot \mathbf{P}(y_2/x_1) \cdot \mathbf{P}(y_1/x_1) \cdot \mathfrak{n} = \frac{11}{32}$$

$$P_{\mathscr{C}}(\mathfrak{z}_0)(y_2y_2/x_1x_1) = \mathfrak{z}_0 \cdot \mathbf{P}(y_2/x_1) \cdot \mathbf{P}(y_2/x_1) \cdot \mathfrak{n} = \frac{1}{32}$$

$\vdots$

Dem Inputwort x_1 ist mit der Wahrscheinlichkeit $\frac{5}{8}$ das Outputwort y_1 und mit Wahrscheinlichkeit $\frac{3}{8}$ das Qutputwort y_2 zugeordnet.

Für das Inputwort x_2 sind die entsprechenden Wahrscheinlichkeiten $\frac{9}{16}$ und $\frac{7}{16}$.

Dem Inputwort x_1x_1 sind mit den Wahrscheinlichkeiten $\frac{7}{16}, \frac{3}{16}, \frac{11}{32}, \frac{1}{32}$ die Outputworte y_1y_1, y_1y_2, y_2y_1, y_2y_2 zugeordnet.

Für $\eta(q/p)$ erhält man

$$\eta(\Lambda/\Lambda) = \mathbf{I} \cdot \mathfrak{n} = \begin{pmatrix} 1 & 0 & 0 \\ 0 & 1 & 0 \\ 0 & 0 & 1 \end{pmatrix} \cdot \begin{pmatrix} 1 \\ 1 \\ 1 \end{pmatrix} = \begin{pmatrix} 1 \\ 1 \\ 1 \end{pmatrix}$$

$$\eta(y_1/x_1) = \mathbf{P}(y_1/x_1)\,\mathfrak{n} = \begin{pmatrix} \frac{1}{4} & 0 & \frac{1}{4} \\ 0 & 1 & 0 \\ \frac{1}{4} & 0 & \frac{1}{4} \end{pmatrix} \begin{pmatrix} 1 \\ 1 \\ 1 \end{pmatrix} = \begin{pmatrix} \frac{1}{2} \\ 1 \\ \frac{1}{2} \end{pmatrix}$$

$$\eta(y_2/x_1) = \mathbf{P}(y_2/x_1) \cdot \mathfrak{n} = \begin{pmatrix} \frac{1}{2} \\ 0 \\ \frac{1}{2} \end{pmatrix}$$

$$\eta(y_1/x_2) = \mathbf{P}(y_1/x_2)\,\mathfrak{n} = \begin{pmatrix} 1 \\ \frac{1}{4} \\ 0 \end{pmatrix}$$

$$\eta(y_2/x_2) = \mathbf{P}(y_2(x_1)\,\mathfrak{n} = \begin{pmatrix} 0 \\ \frac{3}{4} \\ 1 \end{pmatrix}$$

$$\eta(y_1y_1/x_1x_1) = \mathbf{P}(y_1/x_1) \cdot \mathbf{P}(y_1/x_1) \cdot \mathfrak{n} = \begin{pmatrix} \frac{1}{4} \\ 1 \\ \frac{1}{4} \end{pmatrix}$$

$$\eta(y_1y_2/x_1x_1) = \mathbf{P}(y_1/x_1) \cdot \mathbf{P}(y_2/x_1) \cdot \mathfrak{n} = \begin{pmatrix} \frac{1}{4} \\ 0 \\ \frac{1}{4} \end{pmatrix}$$

$$\eta(y_2y_1/x_1x_1) = \mathbf{P}(y_2/x_1) \cdot \mathbf{P}(y_1/x_1) \cdot \mathfrak{n} = \begin{pmatrix} \frac{1}{2} \\ 0 \\ \frac{3}{8} \end{pmatrix}$$

$$\eta(y_2y_2/x_1x_1) = \mathbf{P}(y_2/x_1) \cdot \mathbf{P}(y_2/x_1) \cdot \mathfrak{n} = \begin{pmatrix} 0 \\ 0 \\ \frac{1}{8} \end{pmatrix}.$$

Analog zum endlichen determinierten Automaten läßt sich ein endlicher stochastischer Automat als Graph veranschaulichen. Den Knoten des Graphen entsprechen die Zustände des Automaten. Ein Knoten z_i ist mit einem Knoten z_j genau dann mit einem von z_i nach z_j führenden und mit x, y, $P(z_j, y/z_i, x)$ markierten Pfeil verbunden, wenn die Übergangswahrscheinlichkeit z_i

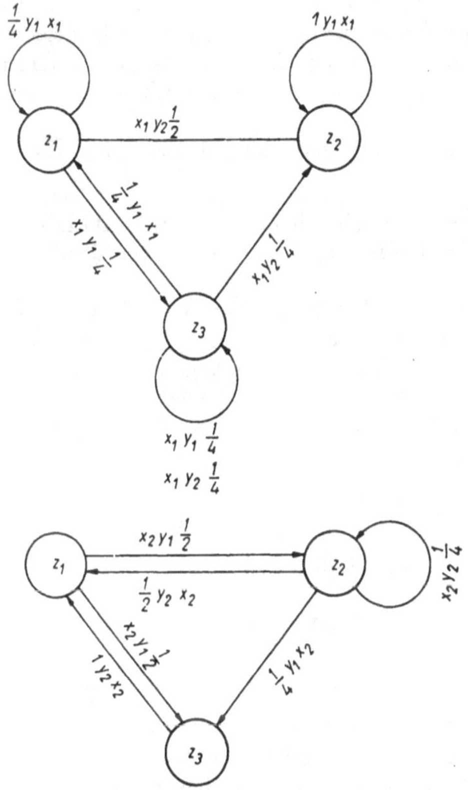

Abb. 3

nach z_j bei Eingabe von x in $\mathscr{C}$ und Ausgabe von y gleich $P(z_j, y/z_i, x) > 0$ ist. Der besseren Übersichtlichkeit wegen kann man Teilgraphen für jedes $x \in X$ zeichnen.

Für den als Beispiel angeführten Automaten ergeben sich die in Abb. 3 dargestellten Graphen.

Zum Abschluß dieses Abschnittes führen wir noch die Begriffe kombinatorischer stochastischer Automaten und Zufallsgenerator ein.

Ein stochastischer Automat $\mathscr{K} = [X, Y, Z, P]$ heißt *kombinatorischer stochastischer Automat*, wenn $Z = \{z\}$ (Einermenge) ist. Da ein kombinatorischer stochastischer Automat nur einen einzigen Zustand besitzt, ist dann jedem $x \in X$ durch $\mathscr{K}$ eine Verteilung auf Y zugeordnet.

$$p(y/x) \underset{Df}{=} P(z, y/z, x) \text{ mit } 0 \leqq p(y/x) \leqq 1 \text{ und } \sum_{y \in Y} p(y/x) = 1$$

ist die bedingte Wahrscheinlichkeit für die Ausgabe y von $\mathscr{C}$ unter der Bedingung, daß x im selben Takt eingegeben wurde.

Ein stochastischer Automat $\mathscr{G} = [X, Y, Z, P]$ heißt *Zufallsgenerator* genau dann, wenn $X = \{x\}$, $Z = \{z\}$ (jeweils Einermengen) sind. (Ein Zufallsgenerator ist also ein autonomer, kombinatorischer Automat.)

Durch einen Zufallsgenerator ist eine Verteilung auf Y definiert.

$$\hat{\beta}(y) \underset{Df}{=} P(z, y/z, x)$$

mit

$$0 \leqq \hat{\beta}(y) \leqq 1$$

und

$$\sum_{y \in Y} \hat{\beta}(y) = 1$$

ist die konstante Wahrscheinlichkeit, daß $y \in Y$ von $\mathscr{G}$ ausgegeben wird. $\hat{\beta}(y)$ ist unabhängig davon, welche Symbole $y' \in Y$ zu vorhergehenden Zeitpunkten ausgegeben worden sind. Die von Zufallsgeneratoren ausgegangenen Zufallsfolgen heißen BERNOULLI-*Folgen*.

Mechanische Beispiele für Zufallsgeneratoren sind etwa ein Würfel, der beim Werfen die Symbole 1, 2, 3, 4, 5, 6 mit den Wahrscheinlichkeiten $\hat{\beta}(1) = \hat{\beta}(2) = \hat{\beta}(3) = \hat{\beta}(4) = \hat{\beta}(5) = \hat{\beta}(6) = 1/6$ ausgibt; eine Münze, die beim Werfen die Symbole „Zahl“, „Bild“ mit den Wahrscheinlichkeiten $\hat{\beta}$ (Zahl) $= \hat{\beta}$ (Bild) $= 1/2$ anzeigt. Ein weiteres mechanisches Beispiel ist ein Roulette.

Elektronisch kann man Zufallsgeneratoren, die die Symbole 0 und 1 mit den Wahrscheinlichkeiten $\hat{\beta}(0) = \hat{\beta}(1) = 1/2$ ausgeben, unter Verwendung des Rauschens einer Diode bauen. Grob beschrieben mißt man die Rauschspannung der Diode bezüglich einer vorgegebenen Spannung. In einem festen Zeitintervall zählt man die Nulldurchgänge (z. B. von + nach −). Bei gerader Anzahl der Nulldurchgänge wird eine Null, bei ungerader Anzahl eine 1 ausgegeben.

Auch radioaktive Prozesse werden zum Bau von Zufallsgeneratoren ausgenutzt.

In vielen praktischen Fällen geht man von Pseudo-Zufallszahlen aus (vgl. auch Abschn. 4.3 von [43]), die determiniert erzeugt werden, aber wesentliche Charakteristika von Zufallszahlen aufweisen. Auf Einzelheiten gehen wir nicht ein.

In Abschn. 6 werden wir uns mit dem Problem befassen, einen gewünschten Zufallsgenerator aus einem gegebenen Zufallsgenerator und einem determinierten Automaten zu synthetisieren.

2. Äquivalenz, Reduktion, Minimierung

Wir wenden uns nun der Frage zu, ob und wie man zu einem stochastischen Automaten einen bezüglich der Zustandszahl kleineren oder kleinsten Automaten mit gleichem Verhalten finden kann. In den Anwendungen spielte und spielt diese Problematik bei der konkreten Realisierung von Automaten eine Rolle, da man die Zustandszahl oftmals näherungsweise als eine Kostenfunktion ansehen kann (große Zustandszahl entspricht hohen Kosten). Durch die zunehmende Verbreitung der integrierten Technik in der Elektronik wird jedoch die

Realisierung von Automaten mit größeren Zustandszahlen ständig billiger. Der Rechenaufwand zur Minimierung eines Automaten kann bei kleineren Stückzahlen vergleichbar mit dem zusätzlichen Aufwand bei der Realisierung der nichtminimierten Schaltung sein. Die erforderliche Anzahl der Verknüpfungen zwischen den „integrierten Bauelementen" nimmt an Bedeutung zu. So begnügt man sich praktisch meist mit Verfahren zur Verkleinerung der Zustandszahl, ohne ein absolutes Minimum um jeden Preis anzustreben.

Das Problem der Minimierung steht auch in engem Zusammenhang mit einem der Hauptprobleme der Modellbildung. Es handelt sich um die Bestimmung eines möglichst willkürfreien Modells in einer Klasse reaktionsgleicher bzw. verhaltensäquivalenter Modelle.

Das Verhalten eines initialen stochastischen Automaten $\mathcal{C} = [\mathrm{X}, \mathrm{Y}, \mathrm{Z}, P, \mathfrak{z}]$ wird durch die in Abschn. 1 definierte Verhaltensfunktion $P_{\mathcal{C}}(\mathfrak{z})\ (\mathrm{q}, \mathrm{p})$, $\mathrm{p} \in \mathrm{F}(\mathrm{X})$, $\mathrm{q} \in \mathrm{F}(\mathrm{Y})$ bestimmt. Für einen nichtinitialen stochastischen Automaten $\mathcal{C} = (\mathrm{X}, \mathrm{Y}, \mathrm{Z}, P)$ fassen wir für alle möglichen stochastischen Zustände $\mathfrak{z}$ von $\mathcal{C}$ die Verhaltensfunktionen $P_{\mathcal{C}}(\mathfrak{z})$ zur Menge $\mathrm{V}_{\mathcal{C}}$ zusammen,

$$\mathrm{V}_{\mathcal{C}} = \{P_{\mathcal{C}}(\mathfrak{z})/\mathfrak{z} \text{ ist stochastischer Zustand von } \mathcal{C}\}$$

und nennen $\mathrm{V}_{\mathcal{C}}$ *Abbildungsfamilie* von $\mathcal{C}$.

Die Menge $\mathrm{V}_{\mathcal{C},\mathrm{z}}$ der Verhaltensfunktionen mit einem Initialzustand aus Z bezeichnen wir als Abbildungsfamilie der Zustände von $\mathcal{C}$

$$\mathrm{V}_{\mathcal{C},\mathrm{z}} = \{P_{\mathcal{C}}(\mathrm{z})/\mathrm{z} \in \mathrm{Z}\}.$$

Es ist klar, daß $\mathrm{V}_{\mathcal{C},\mathrm{z}} \subseteq \mathrm{V}_{\mathcal{C}}$ gilt.

Es seien nun $\mathcal{C} = (\mathrm{X}, \mathrm{Y}, \mathrm{Z}, P)$ und $\mathcal{C}' = (\mathrm{X}, \mathrm{Y}, \mathrm{Z}', P)$ zwei stochastische Automaten mit gleichen Input- und Outputalphabeten. Dann definieren wir (vgl. z. B. [6]):

1. $\mathcal{C}$ und $\mathcal{C}'$ heißen *äquivalent*, $\mathcal{C} \approx \mathcal{C}'$, genau dann, wenn $\mathrm{V}_{\mathcal{C}} = \mathrm{V}_{\mathcal{C}'}$.

2. $\mathscr{C}$ und $\mathscr{C}'$ heißen *zustandsäquivalent*, $\mathscr{C} \sim \mathscr{C}'$, genau dann, wenn $V_{\mathscr{C},z} = V_{\mathscr{C}',z'}$.

3. $\mathscr{C}$ *überdeckt* $\mathscr{C}'$, $\mathscr{C} \geqq \mathscr{C}'$, genau dann, wenn $V_{\mathscr{C}} \supseteq V_{\mathscr{C}'}$ gilt.

4. Zwei stochastische Zustände oder Zustandsverteilungen $\mathfrak{z}$ von $\mathscr{C}$ und $\mathfrak{z}'$ von $\mathscr{C}'$ heißen *genau dann äquivalent*, $\mathfrak{z} \sim \mathfrak{z}'$ wenn $P_{\mathscr{C}}(\mathfrak{z}) = P_{\mathscr{C}'}(\mathfrak{z}')$ ist. $\mathfrak{z}$ und $\mathfrak{z}'$ heißen k äquivalent, $k \geqq 0$, wenn $P_{\mathscr{C}}(\mathfrak{z})(\mathrm{q}/\mathrm{p}) = P_{\mathscr{C}'}(\mathfrak{z}')(\mathrm{q}/\mathrm{p})$ für alle $q \in F(Y)$, $p \in F(X)$ mit $|q| = |p| \leqq k$ erfüllt ist.
Da Zustände $z \in Z$ von $\mathscr{C}$ und $z' \in Z'$ von $\mathscr{C}'$ spezielle stochastische Zustände sind, ergibt sich sofort: Zwei Zustände z von $\mathscr{C}$ und $z' \in Z'$ von $\mathscr{C}'$ heißen genau dann äquivalent, $z \sim z'$, wenn $V_{\mathscr{C}}(z) = V_{\mathscr{C}'}(z')$ ist. z und z' heißen k-äquivalent, wenn $V_{\mathscr{C}}(z)(q/p) = V_{\mathscr{C}'}(z')\,(q/p)$ für alle, $p \in F(X)$, $q \in F(Y)$ mit $|p| = |q| \leqq k$ ist.

5. Zwei stochastische Zustände heißen *unterscheidbar*, falls sie nicht äquivalent sind.

Gilt $\mathscr{C} = \mathscr{C}'$, so bedeutet 4. die Definition der Äquivalenz bzw. k-Äquivalenz für stochastische Zustände $\mathfrak{z}$ und $\mathfrak{z}'$ ein und desselben Automaten $\mathscr{C}$.

Wir gehen nun auf die Beziehungen zwischen den Relationen „$\approx$“, „$\sim$“ und „$\geqq$“ ein und beschränken uns der Einfachheit halber auf endliche Automaten. Jeden stochastischen Zustand $\mathfrak{z}$ können wir dann o. B. d. A. als Linearkombination endlich vieler Einheitsvektoren $\boldsymbol{z}_i$, und damit als endlichdimensionalen Vektor $\boldsymbol{\mathfrak{z}}$ auffassen, $\boldsymbol{\mathfrak{z}} = \sum_i \mathfrak{z}(z_i)\boldsymbol{z}_i$ (vgl. (11)).

Unmittelbar klar aus den Definitionen 1. und 3. ist: $\mathscr{C} \approx \mathscr{C}'$ genau dann, wenn $\mathscr{C} \geqq \mathscr{C}'$ und $\mathscr{C}' \geqq \mathscr{C}$ ist. Definition 1. läßt sich unter Verwendung von Definition 4. interpretieren als:

a) $\mathscr{C} \approx \mathscr{C}'$ genau dann, wenn es zu jedem stochastischen Zustand $\boldsymbol{\mathfrak{z}}$ von $\mathscr{C}$ einen stochastischen Zustand $\boldsymbol{\mathfrak{z}}'$ von $\mathscr{C}'$ mit $\boldsymbol{\mathfrak{z}} \sim \boldsymbol{\mathfrak{z}}'$ und zu jedem stochastischen Zustand $\boldsymbol{\mathfrak{z}}'$ von $\mathscr{C}'$ einen stochastischen Zustand $\boldsymbol{\mathfrak{z}}$ von $\mathscr{C}$ mit $\boldsymbol{\mathfrak{z}}' \sim \boldsymbol{\mathfrak{z}}$ gibt.

Diese Interpretation läßt sich abschwächen zu:

b) $\mathscr{C} \approx \mathscr{C}'$ genau dann, wenn es zu jedem $z \in Z$ einen stochastischen Zustand $\mathfrak{z}'_z$ von $\mathscr{C}'$ mit $z \sim \mathfrak{z}'_z$ und zu jedem $z' \in Z'$ einen stochastischen Zustand $\mathfrak{z}_{z'}$ von $\mathscr{C}$ mit $z' \sim \mathfrak{z}_{z'}$ gibt.

Zum Beweis dieser Behauptung zeigen wir zunächst: Aus b) folgt, daß es zu jedem stochastischen Zustand $\mathfrak{z} = \sum_i \mathfrak{z}(z_i)\, \boldsymbol{z}_i$ einen stochastischen Zustand $\mathfrak{z}'$ von $\mathscr{C}'$ mit $\mathfrak{z} \sim \mathfrak{z}'$ gibt. Nach b) gibt es zu jedem $z_i \in Z$ ein $\mathfrak{z}'_{z_i}$ von $\mathscr{C}'$ mit $\boldsymbol{z}_i \cdot \eta(q/p) = \mathfrak{z}'_{z_i} \cdot \eta'(q/p)$ für alle $p \in F(X)$, $q \in F(Y)$, woraus

$$\sum_i \mathfrak{z}(z_i) \cdot \boldsymbol{z}_i \cdot \eta(q/p) = \mathfrak{z} \cdot \eta(q/p) = \mathfrak{z}' \cdot \eta'(q/p)$$

mit

$$\mathfrak{z}' = \sum_i \mathfrak{z}(z_i)\mathfrak{z}'_{z_i}$$

und damit $\mathfrak{z} \sim \mathfrak{z}'$ folgt.

Völlig analog zeigt man, daß es zu jedem $\mathfrak{z}'$ von $\mathscr{C}'$ ein $\mathfrak{z}$ von $\mathscr{C}$ mit $\mathfrak{z}' \sim \mathfrak{z}$ gibt.

Definition 2. läßt sich interpretieren als:

$\mathscr{C} \sim \mathscr{C}'$ genau dann, wenn es zu jedem $z \in Z$ ein $z' \in Z'$ und zu jedem $z' \in Z'$ ein $z \in Z$ mit $z \sim z'$ gibt.

Da Zustände spezielle Verteilungen sind, folgt aus b) und Definition 2:

Sind $\mathscr{C}$ und $\mathscr{C}'$ zustandsäquivalent, $\mathscr{C} \sim \mathscr{C}'$, so sind sie auch äquivalent $\mathscr{C} \approx \mathscr{C}'$. Die Umkehrung gilt nicht allgemein.

Eine Verkleinerung der Zustandzahl eines stochastischen Automaten $\mathscr{C} = [X, Y, Z, P]$ ohne Veränderung der Abbildungsfamilie ist schrittweise möglich.

1. Man eliminiert alle die Zustände $z_i \in Z$ von $\mathscr{C}$, zu denen es einen äquivalenten Zustand $z_j \in Z$, $z_i \neq z_j$ gibt. Einen so erhaltenen Automaten $\mathscr{C}_R = [X, Y, Z_R, P_R]$ bezeichnen wir als *Reduzierten* von $\mathscr{C}$. Es gilt $V_{\mathscr{C}} = V_{\mathscr{C}_R}$, $Z_R \in Z$.

2. Man eliminiert die Zustände $z_i \in Z_R$ von $\mathscr{C}_R$, zu denen es eine Verteilung $\mathfrak{z}$ über die restlichen Zustände von Z_R gibt, so daß also $z_i \sim \mathfrak{z}$ und $\mathfrak{z}(z_i) = 0$ gilt. Einen so erhaltenen Automaten $\mathscr{C}_M = [X, Y, Z_M, P_M]$ bezeichnen wir als *Minimalen* von $\mathscr{C}$. Es gilt $V_{\mathscr{C}} = V_{\mathscr{C}_M}$; $Z_M \subseteq Z_R$.

Eine dritte, interessante weitere Möglichkeit der Verkleinerung eines Automaten besteht nur darin, zu $\mathscr{C}_M = [X, Y, Z_M, P_M]$ einen Automaten $\mathscr{C}_{\bar{U}} = [X, Y, Z_{\bar{U}}, P_{\bar{U}}]$ mit $|Z_{\bar{U}}| < |Z_M|$ zu suchen, so daß $V_{\mathscr{C}_M} \subseteq V_{\mathscr{C}_{\bar{U}}}$ gilt. Wenn es einen solchen Automaten $\mathscr{C}_{\bar{U}}$ gibt, dann überdeckt also $\mathscr{C}_{\bar{U}}$ den Automaten $\mathscr{C}_M$, obwohl $\mathscr{C}_{\bar{U}}$ weniger Zustände als $\mathscr{C}_M$ hat. Die Fragestellung nach der Überdeckung eines Automaten durch einen bezüglich der Zustandszahl kleineren Automaten wurde erstmals in [7] (zitiert nach [8]) angegangen. Ein Beispiel ist in [8] zu finden.

Probleme der Reduktion und Minimierung sind in der Literatur ausführlich dargestellt. (vgl. z. B. [9] und das dort angeführte Literaturverzeichnis).

Zunächst untersuchen wir nun das Problem der Bestimmung eines reduzierten Automaten $\mathscr{C}_R$ zu einem endlichen Automaten $\mathscr{C}$ mit n Zuständen [3, 10] und definieren:

Ein stochastischer Automat $\mathscr{C} = [X, Y, Z, P]$ heißt *reduziert*, wenn zwei beliebige Zustände $z, z' \in Z$ mit $z \neq z'$ unterscheidbar, d. h. nicht äquivalent sind.

Ein Automat $\mathscr{C}_R = (X, Y, Z_R, P_R)$ heißt *Reduzierter* zu $\mathscr{C} = (X, Y, Z, P)$ wenn

1. $\mathscr{C}_R$ zustandsäquivalent zu $\mathscr{C}$ ist,
2. $\mathscr{C}_R$ reduziert ist.

Bei der Reduzierung von $\mathscr{C}$ bestimmt man zunächst bezüglich der Relation „$\sim$" die Klassen Z_i, $i = 1, \ldots, r$, der äquivalenten Zustände von Z.

Zwei Zustände z_j, z_k sind genau dann aus derselben Klasse, wenn $z_j \sim z_k$ ist. Da die Relation „$\sim$" eine

Äquivalenzrelation ist, gilt

$$\bigcup_{i=1}^{r} Z_i = Z \quad \text{und} \quad Z_i \cap Z_j = \emptyset \quad \text{für} \quad i \neq j.$$

Wie bei der Reduktion eines determinierten Automaten ersetzen wir bei der Reduktion von $\mathscr{C}$ zu $\mathscr{C}_R$ die Zustände von $\mathscr{C}$ durch die Äquivalenzklassen. Die Zustandsmenge von $\mathscr{C}_R$ ist

$$Z_R = \{Z_1, Z_2, \ldots, Z_R\}.$$

Aus jeder Äquivalenzklasse Z_i, $i = 1, \ldots, r$, wählen wir willkürlich, aber fest, ein Element z_i' aus, das Repräsentant von Z_i genannt wird und setzen für die Übergangswahrscheinlichkeiten von $\mathscr{C}_R$

$$P_R(Z_j, y/Z_i, x) = \sum_{z \in Z_j} P(z, y/z_i', x) \tag{16}$$

Daß $\mathscr{C}_R$ ein reduzierter Automat ist, Z_R also keine äquivalenten Zustände enthält, ist aus der Bestimmung der $Z_1, \ldots, Z_R$ als Äquivalenzklassen bezüglich der Relation „$\sim$“ unmittelbar klar.

Daß $\mathscr{C}_R \sim \mathscr{C}$ gilt, beweist man, in dem man durch Induktion zeigt, daß für jedes $z_k \in Z_i$ (Teilmenge von Z) gilt [6].

$$z_k \sim Z_i (Z_i \in Z_R)$$

Im Unterschied zu determinierten Automaten ist der auf diese Weise ermittelte reduzierte Automat im allgemeinen nicht eindeutig bestimmt. Er hängt von der Auswahl der Repräsentanten $z_i' \in Z_i$ ab. Auf die Bestimmung aller Reduzierten gehen wir später ein.

Es gilt: *Die Zustandzahlen zweier äquivalenter, reduzierter Automaten* $\mathscr{C} = [X, Y, Z, P]$ *und* $\mathscr{C}' = [X, Y, Z', P']$ *sind gleich.*

Der Beweis dieses Sachverhaltes ist sehr einfach. Zu jedem $z \in Z$ gibt es nach Voraussetzung ein $z' \in Z'$ mit $z \sim z'$. Gäbe es außerdem ein $z'' \in Z'$, $z'' \neq z'$ mit

$z \sim z''$, so folgt $z' \sim z''$ im Widerspruch dazu, daß $\mathscr{C}'$ reduziert ist.

Zu jedem $z \in Z$ gibt es also genau ein z' mit $z' \sim z$. Ebenso kann man schließen, daß es zu jedem $z' \in Z'$ genau ein $z \in Z$ mit $z \sim z'$ gibt. $\mathscr{C}$ und $\mathscr{C}'$ haben also gleichviele Zustände.

Die Reduktion eines Automaten $\mathscr{C}$ zu $\mathscr{C}_R$ ist möglich, wenn man die Klassen der äquivalenten Zustände Z_i, $i = 1, \ldots, r$, effektiv angeben kann. Zur Bestimmung dieser Klasse ist es erforderlich, die Äquivalenz zweier Zustände $z_i, z_j \in Z$ mit $z_i \neq z_j$ effektiv entscheiden zu können.

In [3] wird gezeigt:

Zwei stochastische Zustände $\mathfrak{z}$ *und* $\mathfrak{z}'$ (*und damit auch zwei Zustände* $z, z' \in Z$) *eines endlichen Automaten* $\mathscr{C} = [X, Y, Z, P]$ *mit* n *Zuständen sind genau dann äquivalent, wenn sie* $(n-1)$*-äquivalent sind.*[1])

Daß aus der $(n-1)$-Äquivalenz zweier stochastischer Zustände $\mathfrak{z}, \mathfrak{z}'$ ihre Äquivalenz folgt, liegt wesentlich daran, daß man die Arbeitsweise eines endlichen stochastischen Automaten mit n Zuständen durch lineare Transformationen in einem n-dimensionalen Vektorraum auffassen kann.

Die stochastischen Zustände $\mathfrak{z}$ und $\mathfrak{z}'$ sind genau dann k-äquivalent, $k > 0$, wenn

$$(\mathfrak{z} - \mathfrak{z}') \cdot \eta(q/p) = 0 \text{ für alle } p \in F(X),$$

$$q \in F(y), |p| = |q| \leqq k \tag{17}$$

mit

$$\eta(q/p) = \mathbf{P}(q/p) \cdot \mathfrak{n}$$

gilt.

Für Wörter $p' = xp$, $q' = yq$ der Länge $k + 1$ ergibt sich

$$\eta(yq/xp) = P(y/x) \cdot \eta(q/p), \tag{18}$$

---

[1]) Der für determinierte endliche Automaten mit n Zuständen gültige Satz, daß zwei Zustände genau dann äquivalent sind wenn sie $(n-1)$-äquivalent sind, ist ein Spezialfall dieses Satzes.

da
$$P(\mathrm{yq}/\mathrm{xp}) = P(\mathrm{y}/\mathrm{x}) \cdot P(\mathrm{q}/\mathrm{p})$$
ist.

Die Vektoren $\eta(\mathrm{q}'/\mathrm{p}')$, $|\mathrm{p}'| = |\mathrm{q}'| = k + 1$, $\mathrm{p}' \in \mathrm{F(X)}$, $\mathrm{q}' \in \mathrm{F(Y)}$ ergeben sich also durch Anwendung der linearen Transformationen $\mathbf{P}(\mathrm{y}/\mathrm{x})$, $\mathrm{x} \in \mathrm{X}$, $\mathrm{y} \in \mathrm{Y}$, auf die Vektoren $\eta(\mathrm{q}/\mathrm{p})$, $|\mathrm{q}| = |\mathrm{p}| = k$, $\mathrm{p} \in \mathrm{F(X)}$, $\mathrm{q} \in \mathrm{F(Y)}$.

Mit $\mathfrak{L}_k$ sei der von den Vektoren $\eta(\mathrm{q}/\mathrm{p})$ mit $|\mathrm{q}| = |\mathrm{p}| \leqq k$ aufgespannte Unterraum des n-dimensionalen Vektorraums bezeichnet.

Wegen (18) kann $\mathfrak{L}_{k+1}$ von nicht weniger linear unabhängigen Vektoren als $\mathfrak{L}_k$ aufgespannt sein, d. h. $\mathfrak{L}_k \subseteq \mathfrak{L}_{k+1}$. Gilt für ein k', $\mathfrak{L}_{k'} = \mathfrak{L}_{k'+1}$, so folgt $\mathfrak{L}_{k'} = \mathfrak{L}_{k'+2} = \mathfrak{L}_{k'+3} = \ldots$, da $\mathfrak{L}_{k'+i+1}$ aus $\mathfrak{L}_{k'+i}$, $i \geqq 1$, durch Anwendung derselben linearen Transformationen $P(\mathrm{y}/\mathrm{x})$, $\mathrm{x} \in \mathrm{X}$, $\mathrm{y} \in \mathrm{Y}$ entsteht, wie $\mathfrak{L}_{k'+1}$ aus $\mathfrak{L}_{k'}$. $\mathfrak{L}_{k'}$ wird dann der von $\mathscr{C}$ erzeugte Unterraum $\mathfrak{L}_{\mathscr{C}}$ genannt. Da $\mathfrak{L}_k$, $k > 0$, Unterraum von $\mathfrak{L}_n$, $\mathfrak{L}_k \subseteq \mathfrak{L}_n$,
$$\mathfrak{L}_0 \subset \mathfrak{L}_1 \subset \cdots \subset \mathfrak{L}_{k'} = \mathfrak{L}_{k'+1} = \cdots \subseteq \mathfrak{L}_n,$$
die Dimension von $\mathfrak{L}_0$ gleich 1 und die Dimension von $\mathfrak{L}_n$ gleich n ist, folgt $k' \leqq n - 1$.

Gilt nun
$$(\mathfrak{z} - \mathfrak{z}') \cdot \eta = 0 \qquad \text{für alle} \qquad \eta \in \mathfrak{L}_{k'},$$
so gilt auch
$$(\mathfrak{z} - \mathfrak{z}') \cdot \eta' = 0 \qquad \text{für alle} \qquad \eta' \in \mathfrak{L}_{k'+i},\ i \geqq 1,$$
da $\mathfrak{L}_{k'} = \mathfrak{L}_{k'+i}$ und die $\eta' \in \mathfrak{L}_{k'+i}$ Linearkombinationen der $\eta \in \mathfrak{L}_{k'}$ sind. Aus der k'-Äquivalenz, $k' \leqq n - 1$, folgt also die $(k' + i)$-Äquivalenz, $i \geqq 1$, und damit die Äquivalenz von $\mathfrak{z}$ und $\mathfrak{z}'$.

Daß aus der Äquivalenz von $\mathfrak{z}$ und $\mathfrak{z}'$ die $(n - 1)$-Äquivalenz folgt, ist unmittelbar klar.

Der Unterraum $\mathfrak{L}_{\mathscr{C}}$ ist schon durch eine Basis aus $k' \leqq n - 1$ linear unabhängigen Vektoren $\eta(\mathrm{q}/\mathrm{p})$, $|\mathrm{q}| = |\mathrm{p}| \leqq k'$, charakterisiert.

Eine solche Basis bestimmt man am einfachsten, indem man der Reihe nach die Vektoren $\eta^k(\mathrm{q/p})$ mit $|\mathrm{q}| = |\mathrm{p}| = k$ und $k = 0, 1, \ldots, k'$ berechnet und alle von den bisher erhaltenen Vektoren linear unabhängigen Vektoren in der Reihenfolge ihres Auftretens als Basiselement wählt. Bei unbekanntem k' kann man den Prozeß nach k^* Schritten abbrechen, wenn alle Vektoren η^{k+1} linear abhängig von den bisher ermittelten Basiselementen sind. Es gilt dann für das kleinste k^*: $k^* = k'$. Die so ermittelten Basisvektoren ordnen wir zu einer $n \times k'$-Matrix $\mathbf{B}_{\mathscr{C}}$. Die erste Spalte von $\mathbf{B}_{\mathscr{C}}$ ist stets $\mathfrak{n}$.

Ausgehend von der Definition der Äquivalenz zweier stochastischer Zustände zeigt man leicht: *Zwei stochastische Zustände* $\mathfrak{z}$ *und* $\mathfrak{z}'$ *sind genau dann äquivalent, wenn*

$$\mathfrak{z} \cdot \mathbf{B}_{\mathscr{C}} = \mathfrak{z}' \cdot \mathbf{B}_{\mathscr{C}} \tag{19}$$

gilt.

Daraus ergibt sich sofort:

Zwei Zustände z_i und z_j sind genau dann äquivalent, wenn die i-te und j-te Zeile von $\mathbf{B}_{\mathscr{C}}$ übereinstimmen.

Ein stochastischer Automat ist genau dann reduziert, wenn alle Zeilen der Matrix $\mathbf{B}_{\mathscr{C}}$ verschieden sind.

Alle reduzierten Automaten eines endlichen stochastischen Automaten lassen sich unter Verwendung des folgenden Satzes [3, 6] bestimmen:

Sind

1. $\mathscr{C} = [\mathrm{X}, \mathrm{Y}, \mathrm{Z}, P]$ ein endlicher stochastischer Automat mit n Zuständen, den $n \times n$-Matrizen $\mathbf{P}(\mathrm{y/x})$, $\mathrm{x} \in \mathrm{X}$, $\mathrm{y} \in \mathrm{Y}$, und der Basismatrix $\mathbf{B}_{\mathscr{C}}$ von $\mathfrak{L}_{\mathscr{C}}$.

2. $\mathbf{P}'(\mathrm{y/x})$, $\mathrm{x} \in \mathrm{X}$, $\mathrm{y} \in \mathrm{Y}$, nichtnegative Matrizen, die der Gleichung

$$\mathbf{P}'(\mathrm{y/x}) \cdot \mathbf{B}_{\mathscr{C}} = \mathbf{P}(\mathrm{y/x}) \cdot \mathbf{B}_{\mathscr{C}} \tag{20}$$

genügen, so ist der stochastische Automat $\mathscr{C}' = [\mathrm{X}, \mathrm{Y}, \mathrm{Z}, P']$ zustandsäquivalent zu $\mathscr{C}$.

Sind die endlichen stochastischen Automaten $\mathscr{C} = [X, Y, Z, P]$ und $\mathscr{C}' = [X, Y, Z, P']$ mit gleicher Zustandsmenge zustandsäquivalent, so gilt (20).

Der Beweis beruht wesentlich darauf, daß sich jeder Vektor $\eta(q/p)$, $|p| = |q|$, $p \in \mathbf{F}(X)$, $q \in \mathbf{F}(Y)$ als Linearkombination der Spalten von $\mathbf{B}_{\mathscr{C}}$ darstellen läßt (vgl. auch [6]).

Sind $\mathscr{C} = [X, Y, Z, P]$ und $\mathscr{C}' = [X, Y, Z', P']$ reduzierte zustandsäquivalente Automaten, so haben sie gleichviele Zustände, und wir können o. B. a. A. $Z = Z'$ setzen.

Deshalb folgt: *Ist* $\mathscr{C} = [X, Y, Z, P]$ *ein reduzierter Automat und* $\mathbf{B}_{\mathscr{C}}$ *eine Basismatrix von* $\mathfrak{L}_{\mathscr{C}}$, *dann erhält man* (bis auf Isomorphie[1])) *alle zu* $\mathscr{C}$ *zustandäquivalenten reduzierten Automaten* $\mathscr{C}' = [X, Y, Z, P']$ *als Lösung der Gleichungen*

$$\mathbf{P}'(y/x) \cdot \mathbf{B}_{\mathscr{C}} = \mathbf{P}(y/x) \cdot \mathbf{B}_{\mathscr{C}}, \tag{20}$$

$$P_{ij}(y/x) \geqq 0 .$$

Hat die Matrix $\mathbf{B}_{\mathscr{C}}$ den Rang n, so besitzt sie eine Inverse $\mathbf{B}_{\mathscr{C}}^{-1}$, und aus (20) folgt $\mathbf{P}'(y/x) = \mathbf{P}(y/x)$, $x \in X$, $y \in Y$.

Es gibt in diesem Fall nur einen reduzierten Automaten.

Auch dann, wenn zu $\mathbf{B}_{\mathscr{C}}$ keine Inverse existiert, ist es möglich, daß es nur einen reduzierten Automaten gibt, da die Matrixelemente von $\mathbf{P}'(y/x)$ der zusätzlichen Bedingungen $P_{ij}(y/x) \geqq 0$ unterliegen (s. Beispiel 2).

---

[1]) Zwei stochastische Automaten $\mathscr{C} = (X, Y, Z, P)$ und $\mathscr{C}^* = (X^*, Y^*, Z^*, P^*)$ heißen isomorph, wenn es umkehrbar eindeutige Abbildungen $\varphi X \to X^*$, $Y \to Y^*$, $\varkappa$: $Z \to Z^*$ gibt, so daß $P(\psi(y), \chi(z')\, \varphi(x)\, \chi(z)) = P(y, z'/x, z)$ für alle $x \in X$, $y \in Y$, $z, z' \in Z$ gilt.

Zur Reduktion stochastischer Automaten führen wir nun Beispiele an.

1. Es sei $\mathscr{C} = [X = \{x, x'\}, Y = \{y, y'\}, Z = \{z_1, z_2, z_3, z_4, z_5\}, \mathbf{P}]$ mit

$$\mathbf{P}(y/x) = \begin{bmatrix} 0 & 0 & 0 & \frac{1}{12} & \frac{1}{12} \\ 0 & 0 & \frac{1}{6} & \frac{1}{6} & 0 \\ \frac{1}{8} & \frac{1}{8} & 0 & 0 & 0 \\ 0 & 0 & \frac{1}{4} & 0 & 0 \\ 0 & 0 & \frac{1}{12} & \frac{1}{12} & \frac{1}{12} \end{bmatrix}, \mathbf{P}(y'/x) = \begin{bmatrix} 0 & 0 & 0 & \frac{5}{12} & \frac{5}{12} \\ 0 & 0 & 0 & \frac{1}{3} & \frac{1}{3} \\ \frac{3}{8} & \frac{3}{8} & 0 & 0 & 0 \\ 0 & 0 & \frac{1}{4} & \frac{1}{4} & \frac{1}{4} \\ 0 & 0 & 0 & 0 & \frac{3}{4} \end{bmatrix}$$

$$\mathbf{P}(y/x') = \begin{bmatrix} 0 & 0 & \frac{1}{6} & 0 & \frac{1}{6} \\ \frac{1}{3} & \frac{1}{3} & 0 & 0 & 0 \\ \frac{1}{4} & \frac{1}{4} & 0 & 0 & 0 \\ 0 & 0 & \frac{1}{2} & 0 & 0 \\ 0 & 0 & \frac{1}{4} & 0 & \frac{1}{4} \end{bmatrix}, \mathbf{P}(y'/x') = \begin{bmatrix} 0 & 0 & 0 & \frac{1}{3} & \frac{1}{3} \\ 0 & 0 & \frac{1}{6} & \frac{1}{6} & 0 \\ 0 & 0 & \frac{1}{4} & 0 & \frac{1}{4} \\ 0 & 0 & 0 & 0 & \frac{1}{2} \\ \frac{1}{4} & \frac{1}{4} & 0 & 0 & 0 \end{bmatrix}$$

Die Zustände sind dabei als 5-dimensionale Einheitsvektoren kodiert, $\mathfrak{z}_1 = (10000)$, $\mathfrak{z}_2 = (01000)$,
$\mathfrak{z}_3 = (00100)$, $\mathfrak{z}_4 = (00010)$,
$\mathfrak{z}_5 = (00001)$.

Dann gilt (vgl. (14))

$$\eta(\Lambda/\Lambda) = \begin{bmatrix} 1 \\ 1 \\ 1 \\ 1 \\ 1 \end{bmatrix}, \ \eta(y/x) = \begin{bmatrix} \frac{1}{6} \\ \frac{1}{3} \\ \frac{1}{4} \\ \frac{1}{4} \\ \frac{1}{4} \end{bmatrix}, \ \eta(y'/x) = \begin{bmatrix} \frac{5}{6} \\ \frac{2}{3} \\ \frac{3}{4} \\ \frac{3}{4} \\ \frac{3}{4} \end{bmatrix}$$

$$\eta(y/x') = \begin{bmatrix} \frac{1}{3} \\ \frac{2}{3} \\ \frac{1}{2} \\ \frac{1}{2} \\ \frac{1}{2} \end{bmatrix}, \ \eta(y'/x') = \begin{bmatrix} \frac{2}{3} \\ \frac{1}{3} \\ \frac{1}{2} \\ \frac{1}{2} \\ \frac{1}{2} \end{bmatrix}.$$

Unter Verwendung von

$$\eta(y'/x) = \eta(\Lambda/\Lambda) - \eta(y/x), \ \eta(y/x') = 2\eta(y/x),$$

$$\eta(y'/x') = \eta(\Lambda/\Lambda) - 2\eta(y/x)$$

und

$$\mathbf{P}(y/x) \cdot \eta(y/x) = \frac{1}{4}\,\eta(y/x), \ \mathbf{P}(y'/x) \cdot \eta(y/x) = \frac{1}{4}\,\eta(y'/x)$$

$$\mathbf{P}(y/x') \cdot \eta(y/x) = \frac{1}{2}\,\eta(y/x) \cdot \mathbf{P}(y'/x'), \eta(y/x) = \frac{1}{4}\,\eta(y'/x')$$

überzeugt man sich, daß $\eta(\Lambda/\Lambda)$ und $\eta(y/x)$ eine Basis von $\mathfrak{L}_{\mathscr{C}}$ sind und $\mathbf{B}_{\mathscr{C}}$ als

$$\mathbf{B}_{\mathscr{C}} = \begin{bmatrix} 1 & \frac{1}{6} \\ 1 & \frac{1}{3} \\ 1 & \frac{1}{4} \\ 1 & \frac{1}{4} \\ 1 & \frac{1}{4} \end{bmatrix}$$

gewählt werden kann.

An der Gleichheit der 3-ten, 4-ten und 5-ten Zeile von $\mathbf{B}_{\mathscr{C}}$ liest man die Äquivalenz der Zustände z_3, z_4, z_5 ab.

Um einen reduzierten Automaten $\mathscr{C}_R = (X, Y, Z_R, \mathbf{P}_R)$ zu bestimmen, teilen wir Z in die Äquivalenzklassen $Z_1 = \{z_1\}$, $Z_2 = \{z_2\}$, $Z_3 = \{z_3, z_4, z_5\}$ ein und setzen $Z_R = \{Z_1, Z_2, Z_3\}$. $\mathbf{P}_R$ bestimmt sich nach (16).

Je nach dem, ob wir z_3, z_4 oder z_5 als Repräsentanten von Z_3 wählen, bezeichnen wir die Matrizen $\mathbf{P}_R$ als $\mathbf{P}_R{}^3, \mathbf{P}_R{}^4\, \mathbf{P}_R{}^5$ und die zugehörigen Automaten mit $\mathscr{C}_R{}^3$, $\mathscr{C}_R{}^4$ und $\mathscr{C}_R{}^5$.

Es ergibt sich

$$\mathbf{P}_R{}^3(y/x) = \begin{pmatrix} 0 & 0 & \frac{1}{6} \\ 0 & 0 & \frac{1}{3} \\ \frac{1}{8} & \frac{1}{8} & 0 \end{pmatrix}, \mathbf{P}_R{}^3(y'/x) = \begin{pmatrix} 0 & 0 & \frac{5}{6} \\ 0 & 0 & \frac{2}{3} \\ \frac{3}{8} & \frac{3}{8} & 0 \end{pmatrix}$$

$$\mathbf{P}_R{}^3(y/x') = \begin{pmatrix} 0 & 0 & \frac{1}{3} \\ \frac{1}{3} & \frac{1}{3} & 0 \\ \frac{1}{4} & \frac{1}{4} & 0 \end{pmatrix}, \quad \mathbf{P}_R{}^3(y'/x') = \begin{pmatrix} 0 & 0 & \frac{2}{3} \\ 0 & 0 & \frac{1}{3} \\ 0 & 0 & \frac{1}{2} \end{pmatrix}$$

$$\mathbf{P}_R{}^4(y/x) = \begin{pmatrix} 0 & 0 & \frac{1}{6} \\ 0 & 0 & \frac{1}{3} \\ 0 & 0 & \frac{1}{4} \end{pmatrix}, \quad \mathbf{P}_R{}^4(y'/x) = \begin{pmatrix} 0 & 0 & \frac{5}{6} \\ 0 & 0 & \frac{2}{3} \\ 0 & 0 & \frac{3}{4} \end{pmatrix}$$

$$\mathbf{P}_R{}^4(y/x') = \begin{pmatrix} 0 & 0 & \frac{1}{3} \\ \frac{1}{3} & \frac{1}{3} & 0 \\ 0 & 0 & \frac{1}{2} \end{pmatrix}, \quad \mathbf{P}_R{}^4(y'/x') = \mathbf{P}_R{}^3(y'/x')$$

$$\mathbf{P}_R{}^5(y/x) = \mathbf{P}_R{}^4(y/x),$$
$$\mathbf{P}_R{}^5(y'/x) = \mathbf{P}_R{}^4(y'/x)$$
$$\mathbf{P}_R{}^5(y/x') = \mathbf{P}_R{}^4(y/x'),$$

$$\mathbf{P}_R{}^5(y'/x') = \begin{pmatrix} 0 & 0 & \frac{2}{3} \\ 0 & 0 & \frac{1}{3} \\ \frac{1}{4} & \frac{1}{4} & 0 \end{pmatrix}.$$

Die Automaten $\mathscr{C}_R{}^3$, $\mathscr{C}_R{}^4$, $\mathscr{C}_R{}^5$ sind als reduzierte Automaten des Automaten $\mathscr{C}$ zustandsäquivalent, sie sind aber, wie man sich sofort überzeugt, nicht isomorph.

Als Basismatrix $\mathbf{B}_{\mathscr{C}_R}$ des Raumes $\mathfrak{L}_{\mathscr{C}_R}$ kann man

$$\mathbf{B}_{\mathscr{C}_R} = \begin{pmatrix} 1 & \frac{1}{6} \\ 1 & \frac{1}{3} \\ 1 & \frac{1}{4} \end{pmatrix}$$

wählen.

Zu einem vorgegebenen reduzierten Automaten, etwa zu $\mathscr{C}_R{}^4$, kann man dann alle zustandsäquivalenten reduzierten Automaten, die durch die Matrizen $\mathbf{P}_R$ festgelegt sind, durch Lösen der Gleichung

$$\mathbf{P}_R(\tilde{y}/\tilde{x}) \cdot \mathbf{B}_{\mathscr{C}_R} = \mathbf{P}_R{}^4(\tilde{y}/\tilde{x}) \cdot \mathbf{B}_{\mathscr{C}_R}, \; \tilde{y} \in \{y, y'\}, \; \tilde{x} \in \{x, x'\} \quad (21)$$

mit nichtnegativen Matrixelementen von $\mathbf{P}_R$ bestimmen, die ein Spezialfall der Gleichung (20) ist.

Man überzeugt sich sofort, daß $\mathbf{P}_R{}^3$ und $\mathbf{P}_R{}^5$ der Gleichung (21) genügen.

2. Es sei $\mathscr{C}^* = [X = \{x\},\ Y = \{y, y'\},\ Z = \{z_1, z_2, z_3, z_4\}, \mathbf{P}\}$ mit

$$\mathbf{P}(y/x) = \begin{pmatrix} \frac{1}{4} & 0 & \frac{1}{4} & 0 \\ 0 & 0 & 0 & 0 \\ 0 & 0 & \frac{1}{2} & 0 \\ \frac{1}{4} & 0 & 0 & 0 \end{pmatrix}, \quad \mathbf{P}(y'/x) = \begin{pmatrix} \frac{1}{4} & 0 & \frac{1}{4} & 0 \\ \frac{1}{2} & 0 & \frac{1}{2} & 0 \\ \frac{1}{2} & 0 & 0 & 0 \\ \frac{1}{2} & 0 & \frac{1}{4} & 0 \end{pmatrix}.$$

Dabei sind die Zustände als 4-dimensionale Einheitsvektoren kodiert.

Man überzeugt sich, daß $\eta(\Lambda/\Lambda)$ und $\eta(y/x)$ eine Basis von $\mathfrak{L}_{\mathscr{C}^*}$ ist und $\mathbf{B}_{\mathscr{C}^*}$ in der Form

$$\mathbf{B}_{\mathscr{C}^*} = \begin{pmatrix} 1 & \frac{1}{2} \\ 1 & 0 \\ 1 & \frac{1}{2} \\ 1 & \frac{1}{4} \end{pmatrix}$$

gewählt werden kann. Die Zustände z_1 und z_3 sind äquivalent, da die 1-te und 3-te Zeile von $\mathbf{B}_{\mathscr{C}^*}$ übereinstimmen. Um einen reduzierten Automaten $\mathscr{C}_R{}^*$ zu bestimmen, teilen wir Z in die Äquivalenzklassen $Z_1 = \{z_1, z_3\}$, $Z_2 = \{z_2\}$, $Z_3 = \{z_3\}$ ein und setzen $Z_R = \{Z_1, Z_2, Z_3\}$. Unabhängig davon, ob wir als Repräsentanten von Z_1 den Zustand z_1 oder z_3 wählen, ergibt sich für die Matrizen $\mathbf{P}_R{}^*$ nach (16)

$$\mathbf{P}_R{}^*(y/x) = \begin{pmatrix} \frac{1}{2} & 0 & 0 \\ 0 & 0 & 0 \\ \frac{1}{4} & 0 & 0 \end{pmatrix}, \quad \mathbf{P}_R{}^*(y'/x) = \begin{pmatrix} \frac{1}{2} & 0 & 0 \\ 1 & 0 & 0 \\ \frac{3}{4} & 0 & 0 \end{pmatrix}.$$

Die Basismatrix $\mathbf{B}_{\mathscr{C}_R{}^*}$ kann in der Form

$$\mathbf{B}_{\mathscr{C}_R{}^*} = \begin{pmatrix} 1 & \frac{1}{2} \\ 1 & 0 \\ 1 & \frac{1}{4} \end{pmatrix}$$

angesetzt werden.

Die Matrizen $\mathbf{P}_R$ aller zustandsäquivalenten reduzierten Automaten zu dem reduzierten Automaten $\mathscr{C}_R{}^*$ sind wieder durch die Gleichungen

$$\mathbf{P}_R(\tilde{y}/x) \cdot \mathbf{B}_{\mathscr{C}_R^*} = \mathbf{P}_R^*(\tilde{y}/x) \cdot \mathbf{B}_{\mathscr{C}_R^*}, \quad \tilde{y} \in \{y, y'\} \tag{22}$$

bestimmt. Unter der Voraussetzung, daß die Matrixelemente von $\mathbf{P}_R(\tilde{y}/x)$, $\tilde{y} = y, y'$, nicht negativ sind, hat (22) nur die Lösungen

$$\mathbf{P}_R(\tilde{y}/x) = \mathbf{P}_R^*(\tilde{y}/x), \qquad \tilde{y} = y, y',$$

d. h., $\mathscr{C}^*$ hat, bis auf Isomorphie, genau einen Reduzierten, obwohl die Basismatrix $\mathbf{B}_{\mathscr{C}^*}$ nur den Rang 2 hat.

Wir gehen nun auf die Bestimmung eines minimalen Automaten zu einem vorgegebenen endlichen stochastischen Automaten ein und definieren [3]:

Ein stochastischer Automat $\mathscr{C} = [X, Y, Z, P]$ heißt *minimal*, wenn es zu jedem Zustand $z \in Z$ keine Verteilung $\mathfrak{z}$ mit $z \neq \mathfrak{z}$ gibt, so daß z und $\mathfrak{z}$ äquivalent sind.

Ein Automat $\mathscr{C}_M = [X, Y, Z_M, P_M]$ heißt *Minimaler* zu $\mathscr{C} = [X, Y, Z, P]$, wenn

1. $\mathscr{C}_M$ äquivalent zu $\mathscr{C}$ ist,
2. $\mathscr{C}_M$ minimal ist.

Einen minimalen Automaten $\mathscr{C}_M$ zu $\mathscr{C}$ kann man schrittweise konstruieren. Zunächst prüft man nach, ob es einen Zustand $z \in Z$ von $\mathscr{C}$ gibt, der einem stochastischen Zustand $\mathfrak{z}$ von $\mathscr{C}$ mit $z \neq \mathfrak{z}$ äquivalent ist.

Hat man ein $z_{i1} \in Z$ mit $z_{i1} \sim \mathfrak{z} = (\xi_1^1, \xi_2^1, \ldots, \xi_n^1) \neq z_{i1}$, $\mathfrak{z}(z_i) = \xi_{i1}$, $i = 1, \ldots, n$, gefunden, so überzeugt man sich sofort, daß dann auch, wegen $\xi_{i1} \neq 1$

$$z_{i1} \sim \mathfrak{z}^{1*} = (\xi_1^{1*}, \xi_2^{1*}, \ldots, \xi_{i_1-1}, 0, \xi_{i_1+1}, \ldots, \xi_n^{1*})$$

mit

$$\xi_j^{1*} = \frac{\xi_j^1}{1 - \xi_{i_1}^1} \quad \text{für } j = 1, \ldots, i_1 - 1, i_1 + 1, \ldots, n$$

gilt, und wir können o. B. a. A. voraussetzen, daß die i_1-te Komponente von $\mathfrak{z}$ gleich 0 ist.

Den Zustand z_{i_1}, der einer Zustandsverteilung über die restlichen Zustände Z/z_{i_1} äquivalent ist, kann man eliminieren, indem man zu $\mathscr{C}$ einen äquivalenten Automaten

$$\mathscr{C}_{M_1} = [X, Y, Z_{M_1}, P_{M_1}], \mathscr{C} \approx \mathscr{C}_{M_1},$$

angeben kann. Es ist dabei $Z_{M_1} = Z/z_{i_1}$,

$$P_{M_1}(z_j, y/z, x) = P(z_j, y/z, x) + \xi_j^1 P(z_{i_1}, y/z, x)$$

$$z, z_j \in Z_{M_1}, x \in X, y \in Y,$$

zu setzen.

Im k-ten Schritt, $k = 2, 3, \ldots$, prüft man nach, ob es einen Zustand z_{i_k} von $\mathscr{C}_{M_k}$ gibt, der einer Zustandsverteilung $\mathfrak{z}^k \neq z_{i_k}$ äquivalent ist. Gibt es einen solchen Zustand z_{i_k}, so kann man ihn eliminieren, indem man zu $\mathscr{C}_{M_{k-1}}$ einen äquivalenten Automaten

$$\mathscr{C}_{M_k} = [X, Y, Z_{M_k}, P_{M_k}]$$

mit

$$Z_{M_k} = Z_{M_{k-1}}/z_{i_k}$$

und

$$P_M(z_j, y/z, x) = P_{M_{k-1}}(z_j, y/z, x) + \xi_j P_{M_{k-1}}(z_{i_k}, y/z, x) \quad (23)$$

$$z, z_j \in Z_{M_k}, x \in X, y \in Y$$

bestimmt.

Nach endlich vielen Schritten k' bricht das Minimierungsverfahren ab und der Automat $\mathscr{C}_{M_{k'}}$, ist minimaler Automat zu $\mathscr{C}$. Daß $\mathscr{C}_{M_{k'}}$ minimaler Automat ist, ergibt sich unmittelbar aus dem Verfahren der Minimierung. Auf den Beweis der Äquivalenz von $\mathscr{C}_{M_{k'}}$, und $\mathscr{C}$ verzichten wir hier (vgl. z. B. [6]).

Um von einem Zustand z_i zu entscheiden, ob er einem stochastischen Zustand $\mathfrak{z}^i$ äquivalent ist, gehen wir von der Beziehung (19) aus. Gilt $z_i \sim \mathfrak{z}^i$, so können wir o. B. a. A. voraussetzen, daß die i-te Komponente von $\mathfrak{z}^i$ gleich 0 ist, $\mathfrak{z}^i = (\xi_1^i, \ldots, \xi_n^i)$ mit $\xi_i^i = 0$.

Gleichung (19) nimmt dann die Form

$$(\overbrace{\underbrace{0\cdots0}_{i-1}10\cdots0}^{n})\cdot \mathbf{B}_{\mathscr{C}} = (\xi_1{}^i, \ldots, \xi_{i-1}^i, 0, \xi_{i+1}^i, \ldots, \xi_n{}^i)\cdot \mathbf{B}_{\mathscr{C}},$$

$$i = 1, \ldots, n,$$

mit

$$\xi_j \geqq 0, \qquad j = 1, \ldots, n,$$

$$\sum_{j=1}^{n} \xi_j = 1$$

an. Die i-te Zeile von $\mathbf{B}_{\mathscr{C}}$ ist dann konvexe Linearkombination der übrigen Zeilen von $\mathbf{B}_{\mathscr{C}}$.

Die Frage, ob ein Vektor eine konvexe Linearkombination einer vorgegebenen Menge von Vektoren ist, läßt sich durch Lösung einer linearen Optimierungsaufgabe entscheiden (vgl. z. B. [1, 6]).

Als Beispiel zur Minimierung eines stochastischen Automaten betrachten wir den Automaten $\mathscr{C}_R{}^3$ von Beispiel 1 mit der Basismatrix

$$\mathbf{B}_{\mathscr{C}_R} = \begin{pmatrix} 1 & \frac{1}{6} \\ 1 & \frac{1}{3} \\ 1 & \frac{1}{4} \end{pmatrix}.$$

Die 3-te Zeile ist konvexe Linearkombination der ersten und zweiten Zeile, es gilt

$$\left(1, \frac{1}{4}\right) = \frac{1}{2}\left(1, \frac{1}{6}\right) + \frac{1}{2}\left(1, \frac{1}{3}\right),$$

und der Zustand $z_3 = (001)$ ist äquivalent zu $\left(\frac{1}{2}, \frac{1}{2}, 0\right)$.

Für die Zustandsmenge Z_M gilt $Z_M = Z_R \setminus z_3 = \{z_1, z_2\}$, und für P_M gilt wegen (23)

$$P_M(z_1, y/z_1, x) = P(z_1, y/z_1, x) + \xi_1 \cdot P(z_3, y/z_1, x) = \frac{1}{12}$$

$$P_M(z_2, y/z_1, x) = P(z_2, y/z_1, x) + \xi_2 \cdot P(z_3, y/z_1, x) = \frac{1}{12}$$

$$P_M(z_1, y/z_2, x) = P(z_1, y/z_2, x) + \xi_1 \cdot P(z_3, y/z_2, x) = \frac{1}{6}$$

$$P_M(z_2, y/z_2, x) = P(z_2, y/z_2, x) + \xi_2 \cdot P(z_3, y/z_2, x) = \frac{1}{6}$$

$$\mathbf{P}_M(y/x) = \begin{pmatrix} \frac{1}{12} & \frac{1}{12} \\ \frac{1}{6} & \frac{1}{6} \end{pmatrix}.$$

Analog ergibt sich

$$\mathbf{P}_M(y'/x) = \begin{pmatrix} \frac{5}{12} & \frac{5}{12} \\ \frac{1}{3} & \frac{1}{3} \end{pmatrix}, \mathbf{P}_M(y/x') = \begin{pmatrix} \frac{1}{6} & \frac{1}{6} \\ \frac{1}{3} & \frac{1}{3} \end{pmatrix}$$

$$\mathbf{P}_M(y'/x') = \begin{pmatrix} \frac{1}{3} & \frac{1}{3} \\ \frac{1}{6} & \frac{1}{6} \end{pmatrix}.$$

Für den in Abschn. 1 als Beispiel angeführten Automaten $\mathscr{C}$ kann man als Basismatrix $\mathbf{B}_{\mathscr{C}}$ etwa

$$\mathbf{B}_{\mathscr{C}} = \begin{pmatrix} 1 & \frac{1}{2} & 1 \\ 1 & 1 & \frac{1}{4} \\ 1 & \frac{1}{2} & 0 \end{pmatrix}$$

wählen. Die Zeilen von $\mathbf{B}_{\mathscr{C}}$ sind sämtlich verschieden. $\mathscr{C}$ ist reduziert. Keine Zeile ist konvexe Linearkombination der übrigen, da die Zeilen sogar linear unabhängig sind, und $\mathscr{C}$ ist minimal. Die Matrix $\mathbf{B}_{\mathscr{C}}$ besitzt eine Inverse $\mathbf{B}_{\mathscr{C}}^{-1}$. Für äquivalente stochastische Zustände $\mathfrak{z} \sim \mathfrak{z}'$ gilt nach (19)

$$\mathfrak{z}' \cdot \mathbf{B}_{\mathscr{C}} = \mathfrak{z} \cdot \mathbf{B}_{\mathscr{C}},$$

und wegen der Existenz von $\mathbf{B}_{\mathscr{C}}^{-1}$: $\mathfrak{z} = \mathfrak{z}'$. Zwei stochastische Zustände $\mathfrak{z}$ und $\mathfrak{z}'$ von $\mathscr{C}$ sind damit genau dann äquivalent, wenn $\mathfrak{z} = \mathfrak{z}'$ gilt.

Wegen der Existenz von $\mathbf{B}_{\mathscr{C}}^{-1}$ gibt es nach (20) (bis auf Isomorphie) genau einen Reduzierten. Und da der Reduzierte auch gleichzeitig Minimaler ist, auch nur einen Minimalen.

Allgemein gibt es zu einem vorgegebenen Automaten $\mathscr{C}$ mehrere nichtisomorphe minimale Automaten $\mathscr{C}_M$.

Ein Beispiel für einen derartigen Fall ist in [1] angegeben. Es ist dann möglich, die Klasse aller minimaler Automaten zu einem vorgegebenen Automaten anzugeben. Gibt es zu einem Automaten $\mathscr{C}$ genau einen minimalen Automaten $\mathscr{C}_M$, so heißt $\mathscr{C}_M$ *starkreduziert.* Es ist also eine spezielle Eigenschaft eines stochastischen Automaten, ob er einen „starkreduzierten" äquivalenten Automaten besitzt. Auf weitere Einzelheiten der Minimierung gehen wir hier nicht ein und verweisen auf [9]. Die meisten Probleme lassen sich, wie hier angedeutet, für endliche Automaten auf Fragen der linearen Algebra zurückführen. Wir gehen zum Abschluß dieses Abschnitts noch auf die Beziehung zwischen allgemeinen stochastischen Automaten und outputdeterminierten stochastischen (MOORE-) Automaten ein. Sei $\mathscr{C} = [\mathrm{X}, \mathrm{Y}, \mathrm{Z}, P, \mathfrak{z}_0]$ ein stochastischer Automat. Die schematische Darstellung eines stochastischen Automaten ist in Abb. 2 von Abschn. 1 gegeben. Wir gehen nun von $\mathscr{C}$ zu einem outputdeterminierten Automaten

$$\mathscr{C}' = [\mathrm{X}', \mathrm{Y}', \mathrm{Z}', P_f', \mathrm{Y}', \mathfrak{z}_0'] \,\mathrm{mit}\, \mathrm{X}' = \mathrm{X}, \mathrm{Y}' = \mathrm{Y}, \mathrm{Z}' = \mathrm{Z} \times \mathrm{Y},$$

$$P_f'((z', y')/(z, y), x) = P(z', y'/z, x),$$
$$(z, y), (z', y') \in Z'; x \in X,$$
$$\mathfrak{z}_0' = (\mathfrak{z}_0, y_0) \text{ und } g'((z, y)) = y$$

über. Eine schematische Darstellung von $\mathscr{C}$ zeigt Abb. 4. Man erhält sie aus der schematischen Darstellung des Automaten $\mathscr{C}$, indem man den Output von $\mathscr{C}$ noch einen Takt speichert, ehe er ausgegeben wird.

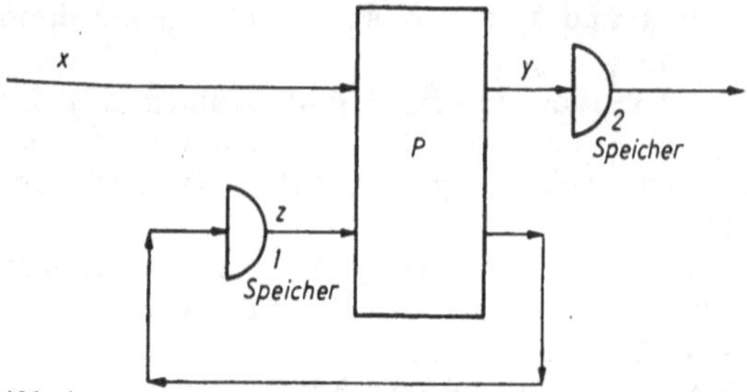

Abb. 4

Von $\mathscr{C}'$ wird im ersten Takt die Belegung des Speichers 2 ausgegeben, die wir mit y_0 bezeichnet haben. Für alle $p \in F(X)$, $x \in X$ und $q \in F(y)$ gilt

$$\eta(q/p) = \eta'(y_0q/px). \tag{24}$$

Bis auf das erste von $\mathscr{C}'$ ausgegebene Symbol y_0 und eine Taktverschiebung um einen Takt sind $\mathscr{C}$ und $\mathscr{C}'$ äquivalent.

3. Autonome stochastische Automaten und ihre Realisierung

Autonome stochastische Automaten arbeiten, wie der Name sagt, antonom oder unabhängig von Inputeinwirkungen. Durch den Zustand $z \in Z$ im Takt t allein ist die

Wahrscheinlichkeit $P(\mathrm{z}', \mathrm{y}/\mathrm{z})$ bestimmt, daß $\mathrm{y} \in \mathrm{Y}$ im Takt t ausgegeben und $\mathrm{z}' \in \mathrm{Z}$ im Takt $t + 1$ angenommen wird.

Formal kann man autonome stochastische Automaten als Spezialfall (allgemeiner) stochastischer Automaten folgendermaßen definieren: Ein Automat $\mathscr{C} = [\mathrm{X}, \mathrm{Y}, \mathrm{Z}, P, (\mathfrak{z}_0)]$ heißt (initialer) *autonomer stochastischer Automat*, wenn das Inputalphabet X aus einem einzigen Symbol besteht, $\mathrm{X} = \{\mathrm{x}\}$.

Da dann in jedem Takt das gleiche Inputsymbol anliegt, kann es auch weggelassen werden, und wir setzen

$$P(\mathrm{z}', \mathrm{y}/\mathrm{z}) \underset{Df}{=} P(\mathrm{z}', \mathrm{y}/\mathrm{z}, \mathrm{x}).$$

Ohne Verlust an Allgemeinheiten können wir uns auf outputdeterminierte Automaten beschränken.

Zunächst betrachten wir nun solche outputdeterminierten autonomen stochastischen Automaten, bei denen in jedem Takt der angenommene Zustand ausgegeben wird.

Ist $\mathscr{C}_{M_1} = [\mathrm{X}, \mathrm{Y}, \mathrm{Z}, P_f, \mathrm{g}_1, \mathfrak{z}_0]$ ein solcher Automat, dann sind also $\mathrm{X} = \{\mathrm{x}\}$ (Einermenge), $\mathrm{Y} = \mathrm{Z}$, $\mathrm{g}_1(\mathrm{z}) = \mathrm{z}$ für $\mathrm{z} \in \mathrm{Z}$ und $P(\mathrm{z}'/\mathrm{z})$; $\mathrm{z}, \mathrm{z}' \in \mathrm{Z}$ die Wahrscheinlichkeit, daß z in z' übergeht.

Bei endlicher Zustandsmenge $\mathrm{Z} = \{\mathrm{z}_1, \ldots, \mathrm{z}_n\}$ fassen wir die Übergangswahrscheinlichkeiten $P(\mathrm{z}_j/\mathrm{z}_i) = P_{ij}$ zur Matrix $\mathbf{P} = (P_{ij})$ zusammen. Ist $\mathfrak{z}(t)$ (vgl. (11)) der stochastische Zustand von $\mathscr{C}_{M_1}$ zur Zeit $t \geqq 0$, so gilt dann

$$\mathfrak{z}(t + 1) = \mathfrak{z}(t) \cdot \mathbf{P}$$

bzw. (24)

$$\mathfrak{z}(t) = \mathfrak{z}_0 \cdot \mathbf{P}^t.$$

Durch $\mathscr{C}_{M_1}$ wird damit gerade eine Markov-Folge $\mathfrak{p}$ erster Ordnung in Z mit der Anfangsverteilung $\mathfrak{z}_0$ und der Übergangsmatrix **P** charakterisiert (vgl. z. B. [12]). Es gilt

$$\gamma(\mathrm{z}/\mathrm{z}') = \mathbf{P}(\mathrm{z}'/\mathrm{z}),$$

$$\mathfrak{p}_0(\mathrm{z}) = \mathfrak{z}_0(\mathrm{t}).$$

Das prinzipielle Schaltbild für $\mathscr{C}_{M_1}$ hat die in Abb. 5 dargestellte Form.

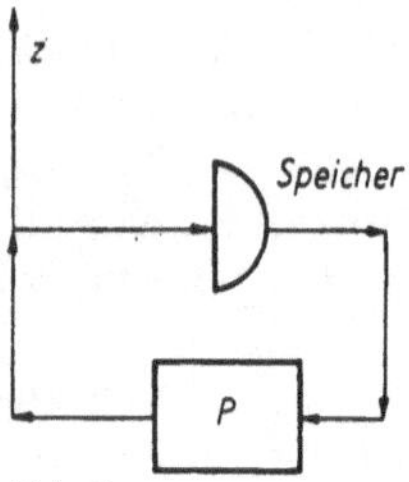

Abb. 5

Für $\mathscr{C}_{M_1}$ kann man die gleichen Fragestellungen wie für MARKOV-Folgen stellen.

Für den Fall, daß ein zeitlich konstanter stationärer stochastischer Zustand $\mathfrak{z}_s = \left(\mathfrak{z}_s(z_1), \ldots, \mathfrak{z}_s(z_n)\right)$ existiert, ergibt er sich als Lösung des Gleichungssystems.

$$\mathfrak{z}_s \cdot \mathbf{P} = \mathfrak{z}_s \tag{25}$$

mit den Nebenbedingungen

$$\mathfrak{z}_s(z_i) \geqq 0, \qquad i = 1, \ldots, n,$$

$$\sum_{i=1}^{n} \mathfrak{z}_s(z_i) = 1.$$

Wird $\mathfrak{z}_s$ unabhängig vom stochastischen Anfangszustand $\mathfrak{z}_0$ nach hinreichend vielen Takten beliebig genau angenommen, gilt also

$$\lim_{t\to\infty} \mathfrak{z}_0 \cdot \mathbf{P}^t = \mathfrak{z}_s \tag{26}$$

für alle Verteilungen $\mathfrak{z}_0$ über Z, so heißt $\mathscr{C}_{M_1}$ regulär ergodisch. Anhand des $\mathscr{C}_{M_1}$ veranschaulichenden Graphen G_{M_1} kann man relativ leicht ablesen, ob $\mathscr{C}_M$ regulär ergodisch ist.

Es gilt (vgl. z. B. [13]): *$\mathscr{C}_M$ ist regulär ergodisch genau dann, wenn*

1. *jeder Knoten* z_i *von* G_M *von jedem Knoten* z_j *von* G_M $(i, j = 1, \ldots, n)$ (*mit positiver Wahrscheinlichkeit*) *erreichbar ist,*

2. *der größte gemeinsame Teiler der Länge der (kleinsten) Zyklen von* G_{M_1} *die* z_i *mit* z_i $(i = 1, \ldots, n)$ *verbinden, gleich* 1 *ist.*

Aus den Bedingungen 1 und 2 kann man ohne Mühe die in der Theorie der Markov-Folgen mit Hilfe der Übergangsmatrix **P** formulierten Bedingungen ableiten (vgl. z. B. [12]), daß eine Markov-Folge genau dann regulär ergodisch ist, wenn es eine natürliche Zahl T gibt, so daß die Matrixelemente von $\mathbf{P}^T$ sämtlich positiv sind.

Als Beispiel betrachten wir den Automaten $\mathscr{C}_{M_1} = [\mathrm{X}, \mathrm{Y}, \mathrm{Z}, P, \mathfrak{g}_1, \mathfrak{z}_0]$ mit $\mathrm{X} = \{\mathrm{x}\}$, $\mathrm{Y} = \mathrm{Z} = \{\mathrm{z}_1, \mathrm{z}_2\}$,

$$P = \begin{pmatrix} \frac{3}{4} & \frac{1}{4} \\ \frac{1}{8} & \frac{7}{8} \end{pmatrix}$$

mit dem in Abb. 6 dargestellten Graphen G_{M_1}.

Jeder Knoten $(\mathrm{z}_1, \mathrm{z}_2)$ ist von jedem Knoten (mit positiver Wahrscheinlichkeit) erreichbar. Die kleinsten Zyklen, die z_1 in z_1 und z_2 in z_2 überführen, haben die Länge 1, ihr größter gemeinsamer Teiler ist also 1 und durch $\mathscr{C}_{M_1}$ wird eine ergodische Markov-Folge erster Ordnung beschrieben.

Der somit existierende stationäre stochastische Zustand $\mathfrak{z}_s$ ergibt sich nach (25) als Lösung des Gleichungs-

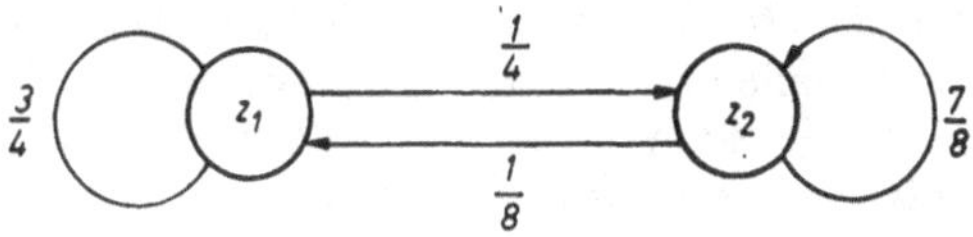

Abb. 6

systems

$$\left(\mathfrak{z}_s(z_1), \mathfrak{z}_s(z_2)\right)\begin{pmatrix}\frac{3}{4} & \frac{1}{4}\\ \frac{1}{8} & \frac{7}{8}\end{pmatrix} = \left(\mathfrak{z}_s(z_1)\, \mathfrak{z}_s(z_2)\right); \mathfrak{z}_s(z_1) + \mathfrak{z}_s(z_2) = 1$$

zu

$$\mathfrak{z}_s(z_1) = \frac{1}{3}, \mathfrak{z}_s(z_2) = \frac{2}{3}.$$

Die Nebenbedingung $\mathfrak{z}_s(z_1), \mathfrak{z}_s(z_2) \geqq 0$ ist erfüllt. Betrachtet man allgemeine outputdeterminierte autonome stochastische Automaten mit einer determinierten Abbildung $F\colon Z \to Y$, die jedem $z \in Z$ ein $y \in Y$ zuordnet, so werden von solchen Automaten „Funktionen oder Homomorphismen von Markov-Folgen" erster Ordnung (vgl. z. B. [14] und Abschn. 7) ausgegeben. Allgemein sind Homomorphismen von Markov-Folgen erster Ordnung keine Markov-Folgen (endlicher Ordnung).

In den Anwendungen spielen Markov-Folgen k-ter Ordnung, $k \geqq 1$, eine wichtige Rolle. Ist $\mathfrak{p}$ eine Markov-Folge k-ter Ordnung in Y, so läßt sich $\mathfrak{p}$ durch Übergangswahrscheinlichkeiten

$$\gamma(y_1, y_2, \ldots, y_k/y_{k+1}) \geqq 0, \quad y_i \in Y, i = 1, \ldots, k+1,$$

mit

$$\sum_{y_{k+1} \in Y} \gamma(y_1, \ldots, y_k/y_{k+1}) = 1$$

und eine Anfangsverteilung festgelegten (vgl. Anhang). Markov-Folgen k-ter Ordnung lassen sich als spezielle Homomorphismen spezieller Markov-Folgen erster Ordnung auffassen. Automatentheoretisch entsprechen ihnen autonome stochastische Automaten mit Schiebestruktur.

Ein outputdeterminierter autonomer stochastischer Automat $\mathscr{C} = [X = \{x\}, Y, Z = Y^k, P, F]$ heißt *autonomer stochastischer Automat mit Schiebestruktur k-ter Ordnung*, wenn

1. $P(z'/z) = 0$ für $z = y_1 y_2 \cdots y_k$ und $z' \neq y_2 \ldots y_k y$,

$$y, y_1, y_2, \ldots, y_k \in Y, \tag{27}$$

2. $F(y_1 y_2 \ldots y_k) = y_k$,

erfüllt ist.

In $Z = Y^k$ ist durch $\mathscr{C}$ eine spezielle, der Bedingung 1 unterworfene MARKOV-Folge erster Ordnung bestimmt.

Die determinierte Funktion $F: Y^k \to Y$ nach Bedingung 2 definiert eine speziellen Homomorphismus

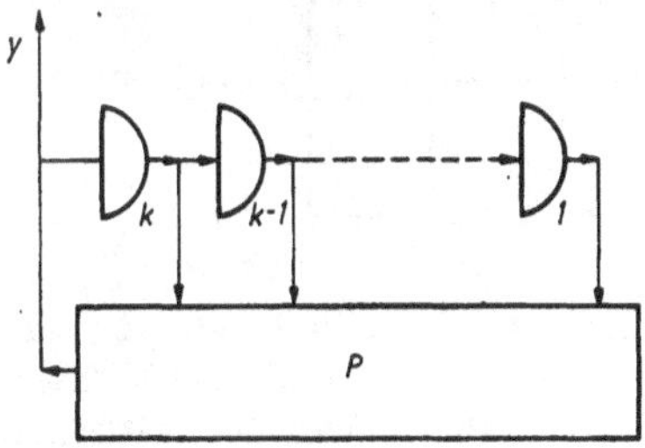

Abb. 7

auf dieser MARKOV-Folge erster Ordnung. Das prinzipielle Schaltbild eines autonomen stochastischen 'Automaten mit Schiebstruktur k-ter Ordnung ist in Abb. 7 gegeben. Äußerlich entspricht Abb. 7 einem autonomen Schieberegister mit Rückkopplung, wobei die determinierte Rückkopplungslogik g durch die „stochastische Logik P" ersetzt ist.

Die Wahrscheinlichkeit für das Auftreten von $y \in Y$ im Takt t ist abhängig davon, daß in den Taten $t - 1$, $t - 2, \ldots, t - k$ die Symbole $y_1(t - k), \ldots, y_k(t - 1)$ ausgegeben worden sind, und durch $\mathscr{C}$ ist eine MARKOV-Folge k-ter Ordnung definiert.

Für $k = 1$ ergibt sich eine MARKOV-Folge erster Ordnung und Abb. 7 geht in Abb. 5 über.

Wir wenden uns nun der Realisierung von autonomen stochastischen Automaten aus Zufallsgeneratoren und endlichen determinierten Automaten zu [16—19]. Dabei können wir uns wieder auf den Fall outputdeterminierter Automaten beschränken.

Einen autonomen stochastischen outputdeterminierten Automaten $\mathscr{C}$ wollen wir, wenn dies möglich ist, nun so realisieren, daß wir den Output eines geeigneten Zufallsgenerators $\mathscr{G}$ als Input eines geeigneten determinierten Automaten $\mathscr{A}$ wählen. Die angestrebte Struktur der Realisierung ist in Abb. 8 dargestellt.

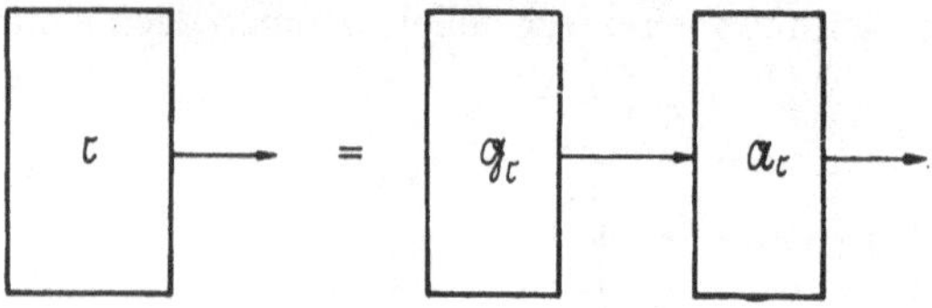

Abb. 8

Man überlegt sich zunächst leicht, daß jede Reihenschaltung eines Zufallsgenerators $\mathscr{G}$ und eines determinierten Automaten $\mathscr{A}$ einen autonomen stochastischen Automaten realisiert.

Sei $\mathscr{G}$ ein Zufallsgenerator, der die Symbole $x_1 \ldots x_l$ mit den Wahrscheinlichkeiten $\hat{\beta}(x_1), \ldots, \hat{\beta}(x_l)$ ausgibt;

$$\hat{\beta}(x_i) \geqq 0, \sum_{i=1}^{l} \hat{\beta}(x_i) = 1$$

und

$$\mathscr{A} = [X, Y, Z, f, g] \text{ mit } X = \{x_1, \ldots, x_l\}.$$

Durch die Reihenschaltung von $\mathscr{G}$ und $\mathscr{A}$ wird dann der stochastische Automat $\mathscr{C} = [X', Y, Z, P]$ mit $X' = \{x'\}$ und

$$P(z', y/z) = \sum_{\substack{x: g(z, x) = y \\ \text{und } f(z, x) = z'}} \hat{\beta}(x) \tag{28}$$

realisiert.

Als Beispiel betrachten wir den Zufallsgenerator $\mathscr{G}$, der die Symbole x_1, x_2, x_3 mit den Wahrscheinlichkeiten $\frac{1}{7}, \frac{2}{7}, \frac{4}{7}$ ausgibt und den Automaten $\mathscr{A} = [X, Y, Z, f, g]$

mit $X = \{x_1, x_2, x_3\}$, $Y = \{y_1, y_2\}$, $Z = \{z_1, z_2\}$ und den in Tab. 1 und 2 dargestellten Funktionen.

Tabelle 1

	z_1	z_2
x_1	z_1	z_1
x_2	z_2	z_1
x_3	z_1	z_2

Tabelle 2

	z_1	z_2
x_1	y_2	y_1
x_2	y_1	y_1
x_3	y_1	y_2

Das Zustandsdiagramm zeigt Abb. 9.

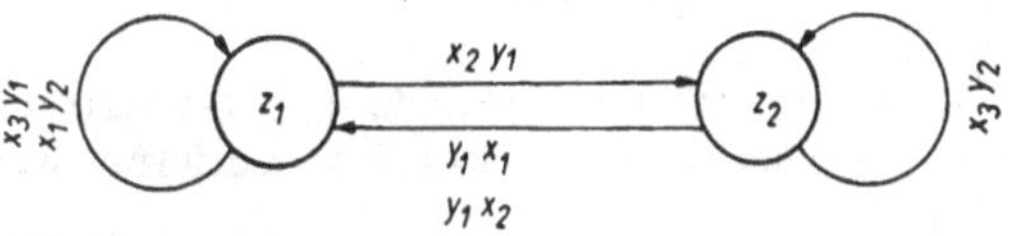

Abb. 9

Aus (28) ergibt sich

$$P(y_1/x') \underset{Df}{=} P(y_1) = \begin{pmatrix} \frac{4}{7} & \frac{2}{7} \\ \frac{3}{7} & 0 \end{pmatrix},$$

$$P(y_2/x') = P(y_2) = \begin{pmatrix} \frac{1}{7} & 0 \\ 0 & \frac{4}{7} \end{pmatrix}.$$

mit dem Zustandsdiagramm von Abb. 10.

Ehe wir zeigen können, daß sich jeder endliche, outputdeterminierte stochastische Automat in der in Abb. 8

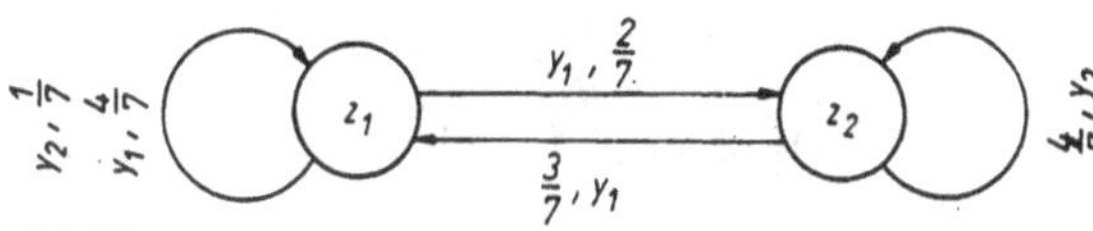

Abb. 10

angegebenen Weise realisieren läßt, benötigen wir noch den Begriff „determinierte stochastische Matrix“.

Eine $n \times n$ Matrix $\mathbf{A} = (A_{ij})$ heißt *determinierte stochastische Matrix*, wenn in jeder ihrer Zeilen genau eine 1 und sonst Nullen stehen. $\mathbf{A}$ ist stochastisch, da $A_{ij} \geqq 0$ und $\sum_{j=1}^{n} A_{ij} = 1, i = 1, \ldots, n$, ist, und $\mathbf{A}$ läßt sich als determinierte Abbildung von $\mathrm{Z} = \{\mathrm{z}_1, \cdots, \mathrm{z}_n\}$ in sich interpretieren, die jedem $\mathrm{z}_i \in \mathrm{Z}$ das Element z_{k_i} zuordnet, wobei

$$A_{ij} = \begin{cases} 1 \text{ für } j = k_i \\ 0 \text{ sonst} \end{cases}$$

ist.

Es gibt n^n determinierte stochastische $n \times n$-Matrizen. Determinierte stochastische Matrizen ${}^j\mathbf{A}$ notieren wir auch in der Form

$$[j_1, j_2, \ldots, j_n], \tag{29}$$

wobei j_i die Stelle der i-ten Zeile bezeichnet, die gleich 1 ist. So wird die determinierte stochastische Matrix

$$\mathbf{A} = \begin{pmatrix} 1000 \\ 0100 \\ 1000 \\ 0001 \end{pmatrix}$$

durch [1, 2, 1, 4] bezeichnet.

Ist $\mathbf{P}$ eine stochastische $n \times n$-Matrix, $\{\mathbf{A}_n\}$ die Menge der n^n determinierten stochastischen $n \times n$-Matrizen, so läßt sich $\mathbf{P}$ in der Form

$$\mathbf{P} = \sum_{i=1}^{N} \alpha_i {}^i\mathbf{A} \tag{30}$$

mit

$${}^i\mathbf{A} \in \{\mathbf{A}_n\},$$

$$\alpha_i \geqq 0, \ \sum_{i=1}^{N} \alpha_i = 1,$$

$$N \leqq n^2 - n + 1$$

darstellen. (30) bezeichnen wir als Entwicklung von **P** nach determinierten stochastischen Matrizen.

Eine solche Entwicklung kann man z. B. nach folgendem Algorithmus erhalten:

1. Im ersten Schritt bestimmen wir in jeder Zeile $i = 1, \ldots, n$ von **P** das minimale von Null verschiedene Element. (Ist ein solches Element nicht eindeutig bestimmt, so wählen wir irgendeines der Elemente, die nicht größer sind als alle übrigen der Zeile und deklarieren es als minimales). Wir bezeichnen es als $\alpha(i)$.

2. Wir bilden die Matrix

$$^1\mathbf{P} = \mathbf{P} - \alpha_1 {}^1\mathbf{A},$$

wobei α_1 das Minimum der $\alpha(i)$ über i und $^1\mathbf{A}$ die determinierte stochastische Matrix sind, bei der genau an der Stelle der Zeilenminima von **P** Einsen stehen. (Mindestens ein Element der Matrix $^1\mathbf{P}$ ist 0, wo das entsprechende Element von **P** ungleich 0 war).

3. Für die Matrix $^i\mathbf{P}$, $i = 1, 2, \ldots$, bestimmen wir in gleicher Weise wie für **P** die Form

$$^{i+1}\mathbf{P} = {}^i\mathbf{P} - \alpha_i {}^i\mathbf{A}.$$

4. Der Prozeß bricht nach höchstens $n^2 - n + 1$ Schritten ab, da in jedem Schritt mindestens ein Matrixelement von $^{i+1}\mathbf{P}$ Null wird, daß für $^i\mathbf{P}$ ungleich 0 war. Im letzten Schritt werden n-Matrixelemente Null, da **P** eine stochastische Matrix ist. Wegen $\sum_j P_{ij} = 1$ ergibt sich aus (30) sofort

$$\sum_{k=1}^{N} \alpha_k = 1.$$

Man kann den Algorithmus so modifizieren, daß $^1\mathbf{A}$ (Punkt 2) so gewählt wird, daß Einsen höchstens an solchen Stellen stehen, wo die Matrixelemente von **P** ungleich 0 sind.

Als Beispiel betrachten wir die Entwicklung der Matrix **P** des Automaten $\mathscr{C}_{M_1}$.

Die minimalen Elemente jeder Zeile umranden wir mit einem Viereck.

$$\mathbf{P} = \begin{pmatrix} \frac{3}{4} & \boxed{\frac{1}{4}} \\ \boxed{\frac{1}{8}} & \frac{7}{8} \end{pmatrix}, \quad \alpha_1 = \frac{1}{8}, \quad {}^1\mathbf{A} = \begin{pmatrix} 0 & 1 \\ 1 & 0 \end{pmatrix}$$

$${}^1\mathbf{P} = \mathbf{P} - \alpha_1 {}^1\mathbf{A} = \begin{pmatrix} \frac{3}{4} & \boxed{\frac{1}{8}} \\ 0 & \boxed{\frac{7}{8}} \end{pmatrix}, \quad \alpha_2 = \frac{1}{8}, \quad {}^2\mathbf{A} = \begin{pmatrix} 0 & 1 \\ 0 & 1 \end{pmatrix}$$

$${}^2\mathbf{P} = {}^1\mathbf{P} - \alpha_2 {}^2\mathbf{A} = \begin{pmatrix} \boxed{\frac{3}{4}} & 0 \\ 0 & \boxed{\frac{3}{4}} \end{pmatrix}, \quad \alpha_3 = \frac{3}{4}, \quad {}^3\mathbf{A} = \begin{pmatrix} 1 & 0 \\ 0 & 1 \end{pmatrix}$$

$${}^3\mathbf{P} = {}^2\mathbf{P} - \alpha_3 {}^3\mathbf{A} = \begin{pmatrix} 0 & 0 \\ 0 & 0 \end{pmatrix}$$

$$\mathbf{P} = \frac{1}{8} \begin{pmatrix} 0 & 1 \\ 1 & 0 \end{pmatrix} + \frac{1}{8} \begin{pmatrix} 0 & 1 \\ 0 & 1 \end{pmatrix} + \frac{3}{4} \begin{pmatrix} 1 & 0 \\ 0 & 1 \end{pmatrix}. \tag{31}$$

Es gibt $2^2 = 4$ determinierte stochastische Matrizen, von denen $2^2 - 2 + 1 = 3$ in (31) tatsächlich auftreten.

Wir zeigen nun, wie sich ein beliebiger autonomer stochastischer outputdeterminierter Automat

$$\mathscr{C} = [\mathrm{X}' = \{\mathrm{x}'\}, \mathrm{Y}, \mathrm{Z} = \{\mathrm{z}_1, \ldots, \mathrm{z}_n\}, P, F]$$

aus einem Zufallsgenerator $\mathcal{G}_{\mathcal{C}}$ und einem endlichen determinierten Automaten $\mathcal{A}_{\mathcal{C}}$ realisieren läßt.

Dabei gehen wir von einer Entwicklung

$$\mathbf{P} = \sum_{i=1}^{r} \alpha_i {}^i\mathbf{A}, \quad \alpha_i > 0, \quad \sum_{i=1}^{r} \alpha_i = 1 \tag{30}$$

für **P** nach determinierten stochastischen Matrizen aus.

Als Zufallsgenerator $\mathcal{G}_{\mathcal{C}}$ wählen wir einen solchen, der r Symbole $u_1, \ldots, u_r$ mit den Wahrscheinlichkeiten $\hat{\beta}(u_i) = \alpha_i$, $i = 1, \ldots, r$, in dem Alphabet $U = \{u_1, \ldots, u_r\}$ (Bernoulli-Folge) ausgibt. Für $\mathcal{A}_{\mathcal{C}}$ setzen wir $\mathcal{A}_{\mathcal{C}} = [X_{\mathcal{C}}, Y_{\mathcal{C}}, Z_{\mathcal{C}}, f_{\mathcal{C}}, g_{\mathcal{C}}]$ mit $X_{\mathcal{C}} = U$, $Y_{\mathcal{C}} = Y$, $Z_{\mathcal{C}} = Z$, $f_{\mathcal{C}}: U \times Z \to Z$ mit $f(u_j, z_i) = z_{j_i}$, $j = 1, \ldots, r_j$, $i = 1, \ldots, n$ (wobei j_i, wie erläutert, die Stelle der i-ten Zeile der Matrix ${}^i\mathbf{A} \sim [j_1, j_2, \ldots, j_n]$ bezeichnet, die gleich 1 ist) und

$$g_{\mathcal{C}}: Z \to Y, \quad g_{\mathcal{C}}(z_i) = F(z_i), \qquad i = 1, \ldots, n.$$

$\mathcal{A}_{\mathcal{C}}$ kann man auch durch Konstruktion seines Zustandsgraphen erhalten.

Ein Zustand z_i ist mit einem mit u_j markierten Pfeil mit z_k (von z_i nach z_k) zu verbinden, genau dann, wenn ${}^jA_{ik} = 1$ ist. Man überlegt sich leicht, daß die so erhaltene Realisierung äquivalent zu $\mathcal{C}$ ist.

Für den Automaten $\mathcal{C}_{M_1}$ (vgl. Abb. 6) mit der Darstellung (31) für **P** ist als Zufallsgenerator $\mathcal{G}_{\mathcal{C}_{M_1}}$ ein solcher zu wählen, der die Symbole u_1, u_2, u_3 mit den Wahrscheinlichkeiten $\hat{\beta}(u_1) = \frac{1}{8}$, $\hat{\beta}(u_2) = \frac{1}{8}$, $\hat{\beta}(u_3) = \frac{3}{4}$ ausgibt.

Das Zustandsdiagramm für $\mathcal{A}_{\mathcal{C}_{M_1}}$ zeigt Abb. 11.

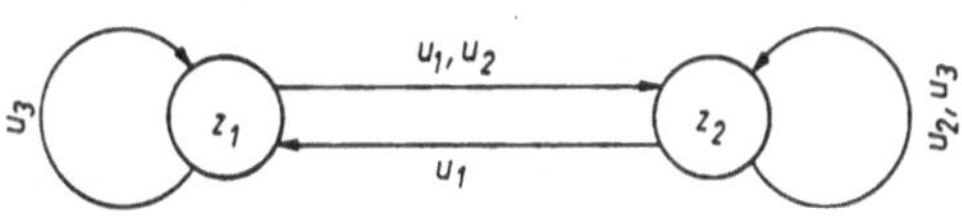

Abb. 11

Den Matrizen ${}^1\mathbf{A}$, ${}^2\mathbf{A}$, ${}^3\mathbf{A}$ entsprechen die mit $\mathbf{u}_1$, u_2 und u_3 markierten Pfeile.

Die Tatsache, daß sich jeder endliche autonome stochastische (outputdeterminierte) Automat aus einem Zufallsgenerator und einem endlichen, determinierten Automaten realisiert werden kann, ist systemtheoretisch interessant. „Das Zufällige" eines endlichen stochastischen, autonomen Automaten kann in einem einzigen Zufallsgenerator konzentriert werden. Damit kann auch jeder Homomorphismus jeder Markov-Folge erster Ordnung über einem endlichen Alphabet (und damit auch jede Markov-Folge endlicher Ordnung über einem endlichen Alphabet) als Ergebnis einer determinierten Verarbeitung (durch einen determinierten, endlichen Automaten) einer Bernoulli-Folge angesehen werden.

Diese Erkenntnis erlaubt es uns, die Frage nach der mindestens erforderlichen Entropie eines Zufallsgenerators in einer Realisierung eines vorgegebenen autonomen, stochastischen Automaten bzw. der mindestens erforderlichen Entropie einer Bernoulli-Folge zur determinierten Erzeugung eines gegebenen Homomorphismus einer gegebenen Markov-Folge erster Ordnung zu stellen.

Diese Entropie ist unabhängig von der Ergodizität der betrachteten Markov-Folge erster Ordnung definiert. Für einen autonomen, stochastischen Automaten $\mathscr{C} = [X = \{\mathbf{x}\}, Y, Z, P, F]$ mit der Zustandszahl n führt diese Fragestellung zu der mathematischen Aufgabe, die Entropie H

$$H = -\sum_{i=1}^{n^n} \alpha_i \log \alpha_i \tag{32}$$

zu minimieren unter den Nebenbedingungen

$$\mathbf{P} = \sum_{i=1}^{n^n} \alpha_i {}^i\mathbf{A}; \quad \alpha_i \geqq 0.$$

${}^1\mathbf{A}, \ldots, {}^{n^n}\mathbf{A}$ sind dabei alle determinierte stochastische Matrizen.

Für den Automaten $\mathscr{C}_{M_1}$ hat (32) die Form

$$H = -\left\{\sum_{i=1}^{4} \alpha_i \log \alpha_i\right\} \qquad \text{Min!}$$

mit den Nebenbedingungen

$$\begin{pmatrix} \frac{3}{4} & \frac{1}{4} \\ \frac{1}{8} & \frac{7}{8} \end{pmatrix} = \alpha_1 \begin{pmatrix} 1 & 0 \\ 0 & 1 \end{pmatrix} + \alpha_2 \begin{pmatrix} 1 & 0 \\ 1 & 0 \end{pmatrix} + \alpha_3 \begin{pmatrix} 0 & 1 \\ 1 & 0 \end{pmatrix} + \alpha_4 \begin{pmatrix} 0 & 1 \\ 1 & 0 \end{pmatrix},$$

$$\alpha_i \geqq 0, \qquad i = 1, 2, 3, 4,$$

und der Lösung

$$\alpha_1 = \frac{21}{32}, \alpha_2 = \frac{3}{32}, \alpha_3 = \frac{7}{32}, \alpha_4 = \frac{1}{32}.$$

Wenn wir den Logithmus zur Basis 10 wählen, ergibt sich

$$H_{\min} = 0{,}407 \text{ (dit)}.$$

Die *Entropie* einer stationären MARKOV-Folge erster Ordnung in $Z = \{z_1, \ldots, z_n\}$ mit den stationären Wahrscheinlichkeiten $\mathfrak{z}_s(z_i)$, $z_i \in Z$ ist zu

$$H_M = -\sum_{i=1}^{n} \mathfrak{z}_s(z_i) \cdot \sum_{j=1}^{n} P(z_j/z_i) \log P(z_j/z_i) \tag{33}$$

definiert (vgl. z. B. [13]).

Für die durch $\mathscr{C}_{M_1}$ definierte MARKOV-Folge erster Ordnung ergibt sich aus (33) mit $\mathfrak{z}_s(z_1) = 1/3$, $\mathfrak{z}_s(z_2) = 2/3$

$$H_{M_1} = 0{,}190 \text{ (dit)}.$$

H_M ist kleiner $H_{\min}$, da die Entropie bei einer determinierten Transformation höchstens abnehmen kann.

Inwieweit die Differenz $H_{\min} - H_M$ als Maß der Kompliziertheit einer stationären MARKOV-Folge dienen kann, muß hier offen bleiben. Über weitere, z. T. näherungsweise Methoden der Realisierung autonomer, stochastischer Automaten ist in [19] berichtet.

Auf Fragen der Realisierung unendlicher autonomer stochastischer Automaten aus Zufallsgeneratoren (gegebenenfalls mit unendlichem Ausgabealphabet) und determinierten Automaten gehen wir hier nicht ein (vgl. z. B. [44]).

4. Realisierung (nichtautonomer) stochastischer Automaten

Die Ergebnisse von Abschn. 3 über die Realisierung endlicher, autonomer, stochastischer Automaten lassen sich relativ leicht auf (nichtautonome) endliche, stochastische outputdeterminierte Automaten übertragen.

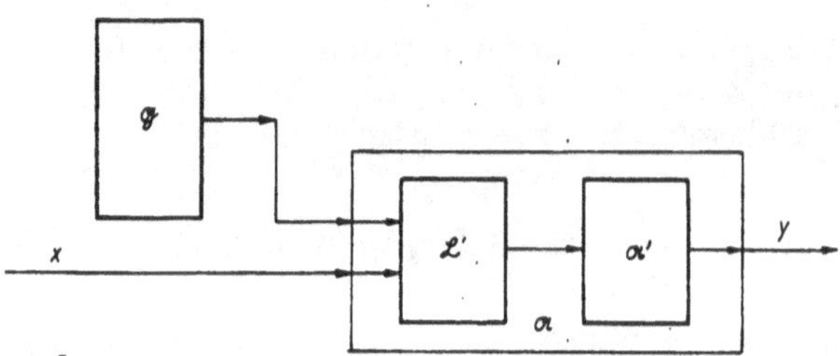

Abb. 12

Ist $\mathscr{C} = [X, Y, Z, P_f, g]$ ein endlicher stochastischer Automat mit $X = \{x_1, \ldots, x_L\}$, $Z = \{z_1, \ldots, z_N\}$, so läßt sich $\mathscr{C}$ in der in Abb. 12 dargestellten Weise aus einem Zufallsgenerator $\mathscr{G}$ und einem determinierten Automaten $\mathscr{A}$ realisieren.

$\mathscr{A}$ ist dabei als eine Reihenschaltung einer kombinatorischen Schaltung $\mathscr{L}'$ (determinierter Automat mit einem Zustand) und einem determinierten Automaten $\mathscr{A}'$ dargestellt.

Die L Matrizen $\mathbf{P}(\mathrm{x}_s) = \left(P_{ij}(\mathrm{x}_s)\right)$, $s = 1, \ldots, L$, mit

$$P_{ij}(\mathrm{x}_s) = P(\mathrm{z}_j/\mathrm{z}_i, \mathrm{x}_s), \quad i, j = 1, \ldots, n,$$

können wir jeweils nach (30) als Entwicklung nach determinierten stochastischen Matrizen darstellen:

$$\begin{aligned} \mathbf{P}_f(\mathrm{x}_1) &= \sum_{i_1=1}^{r_1} \alpha_{i1}^{1}\,{}^{i_1}\mathbf{A}(\mathrm{x}_1) \\ &\vdots \\ \mathbf{P}_f(\mathrm{x}_L) &= \sum_{i_L=1}^{r_L} \alpha^{L}\,{}^{i_L}\mathbf{A}(\mathrm{x}_L). \end{aligned} \tag{34}$$

Ausgehend von (34) geben wir nun L Zufallsgeneratoren $\mathscr{G}_s$, $s = 1, \ldots, L$ an, die r_s Symbole ${}^s\mathrm{u}_{js}$ mit den Wahrscheinlichkeiten

$$\beta({}^s\mathrm{u}_{j_s}) = \alpha_{j_s}^{s}, \; j_s = 1, \ldots, r_s,$$

in einem Alphabet ${}^s\mathrm{U} = \{{}^s\mathrm{u}_1, \ldots, {}^s\mathrm{u}_{r_s}\}$ ausgeben.

Diese so gewonnenen L Zufallsgeneratoren $\mathscr{G}_s$, $s = 1, \ldots, L$, fassen wir nun als einen Zufallsgenerator auf, der die L-Tupel

$$({}^1\mathrm{u}_{j_1}, {}^2\mathrm{u}_{j_2}, \ldots, {}^L\mathrm{u}_{j_L}), \; j_i = 1, \ldots, r_i, \quad i = 1, \ldots, L,$$

mit den Wahrscheinlichkeiten

$$\beta({}^1\mathrm{u}_{j_1}, {}^2\mathrm{u}_{j_2}, \ldots, {}^L\mathrm{u}_{j_L}) = \alpha_{j1}^{1}\alpha_{j2}^{2}\cdots\alpha_{jL}^{L}$$

in dem Alphabet ${}^1\mathrm{U} \times {}^2\mathrm{U} \times \cdots \times {}^L\mathrm{U} \underset{Df}{=} \mathrm{U}$ ausgibt (vgl. Abb. 13).

Die kombinatorische Schaltung $\mathscr{L}'$ soll bei von außen anliegendem Input x_s, $s = 1, \ldots, L$, aus dem von $\mathscr{G}$ her anliegendem $L =$ Tupel, ${}^1\mathrm{u}_{j_1}{}^2\mathrm{u}_{j_2} \cdots {}^L\mathrm{u}_{j_L}$ die s-te Stelle herausprojezieren. Bezeichnen wir mit $g_{\mathscr{L}'}$ die kombinatorische

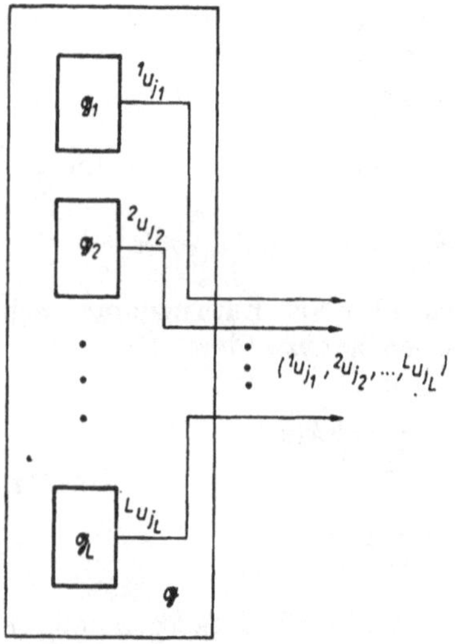

Abb. 13

Funktion von $\mathscr{L}'$, so soll also

$$g_{\mathscr{L}'}\{(^1u_{j_1}, ^2u_{j_2}, \ldots, ^Lu_{j_L}), x_s\} = {}^su_{j_s} \tag{35}$$

gelten.

Für den determinierten Automaten $\mathscr{A}' = [X', Y', Z', f', g']$ ist $X^1 = {}^1U \cup {}^2U \cup \cdots \cup {}^LU$, $Y' = Y$, $Z' = Z$

$$f' : X' \times Z \to Y,$$

$$g' : Z \to Y \text{ mit } g' = g.$$

Die konkrete Form von f' bestimmt man am einfachsten über das Zustandsdiagramm von $\mathscr{A}'$.

Ein Zustand z_i wird mit einem mit ${}^su_{j_s}$ markierten Pfeil mit dem Zustand z_j (von z_i nach z_j) genau dann verbunden, wenn ${}^{j_s}A_{ij}(x_s) = 1$ ist.

Es gilt also

$$f'(t_i, {}^su_{j_s}) = z_{j_{si}} \begin{cases} i = 1, \ldots, N; \; s = 1, \ldots, L, \\ j_s = 1, \ldots, r_s, \end{cases} \tag{36}$$

wenn wir für ${}^{i_s}\mathbf{A}(\mathrm{x}_s)$ nach (29) $[j_{s_1}, j_{s_2}, \ldots, j_{s_N}]$ schreiben und j_{s_i} also die Stelle der i-ten Zeile von ${}^{i_s}\mathbf{A}(\mathrm{x}_s)$ bezeichnet, die gleich 1 ist.

Als Beispiel betrachten wir den MOORE-Automaten $\mathscr{C}$,

$$\mathscr{C} = [\mathrm{X} = \{\mathrm{x}_1 = 0, \mathrm{x}_2 = 1\}, \mathrm{Y} = \{0, 1\}, \\ \mathrm{Z} = \{100, 010, 001\}, \mathbf{P}_f, g]$$

mit

$$\mathbf{P}_f(\mathrm{x}_1) = \begin{pmatrix} \frac{1}{4} & \frac{1}{2} & \frac{1}{4} \\ 0 & 1 & 0 \\ \frac{1}{2} & \frac{1}{2} & 0 \end{pmatrix}, \quad \mathbf{P}_f(\mathrm{x}_2) = \begin{pmatrix} 1 & 0 & 0 \\ 0 & \frac{1}{2} & \frac{1}{2} \\ \frac{1}{3} & 0 & \frac{2}{3} \end{pmatrix},$$

$$g(100) = 0, \; g(010) = 1, \; g(001) = 1.$$

(34) hat die Form (37)

$$\begin{aligned} \mathbf{P}_f(\mathrm{x}_1) &= \frac{1}{4}\begin{pmatrix} 1 & 0 & 0 \\ 0 & 1 & 0 \\ 0 & 1 & 0 \end{pmatrix} + \frac{1}{4}\begin{pmatrix} 0 & 0 & 1 \\ 0 & 1 & 0 \\ 0 & 1 & 0 \end{pmatrix} + \frac{1}{2}\begin{pmatrix} 0 & 1 & 0 \\ 0 & 1 & 0 \\ 1 & 0 & 0 \end{pmatrix} \\ \mathbf{P}_f(\mathrm{x}_2) &= \frac{1}{3}\begin{pmatrix} 1 & 0 & 0 \\ 0 & 0 & 1 \\ 1 & 0 & 0 \end{pmatrix} + \frac{1}{6}\begin{pmatrix} 1 & 0 & 0 \\ 0 & 1 & 0 \\ 0 & 0 & 1 \end{pmatrix} + \frac{1}{2}\begin{pmatrix} 1 & 0 & 0 \\ 0 & 0 & 1 \\ 0 & 0 & 1 \end{pmatrix}. \end{aligned} \tag{37}$$

Der Zufallsgenerator $\mathscr{G}_1$ gibt die Symbole ${}^1\mathrm{u}_1$, ${}^1\mathrm{u}_2$, ${}^1\mathrm{u}_3$ mit den Wahrscheinlichkeiten $\hat{\beta}({}^1\mathrm{u}_1) = \frac{1}{4}$, $\hat{\beta}({}^1\mathrm{u}_2) = \frac{1}{4}$, $\hat{\beta}({}^1\mathrm{u}_3) = \frac{1}{2}$ aus, und der Zufallsgenerator $\mathscr{G}_2$ die Symbole ${}^2\mathrm{u}_1$, ${}^2\mathrm{u}_2$, ${}^2\mathrm{u}_3$ mit den Wahrscheinlichkeiten

$$\hat{\beta}({}^2\mathrm{u}_1) = \frac{1}{3}, \; \hat{\beta}({}^2\mathrm{u}_2) = \frac{1}{6}, \; \hat{\beta}({}^2\mathrm{u}_3) = \frac{1}{2}.$$

$\mathscr{G}_1$ und $\mathscr{G}_2$ fassen wir nun zu dem Zufallsgenerator $\mathscr{G}$ zusammen. Von $\mathscr{G}$ werden die neun 2-Tupel ${}^1\mathrm{u}_1{}^2\mathrm{u}_1$,

$^1u_1{}^2u_2$, $^1u_1{}^2u_3$, $^1u_2{}^2u_1$, $^1u_2{}^2u_2$, $^1u_2{}^2u_3$, $^1u_3{}^2u_1$, $^1u_3{}^2u_2$, $^1u_3{}^2u_3$ mit den Wahrscheinlichkeiten $\frac{1}{12}$, $\frac{1}{24}$, $\frac{1}{8}$, $\frac{1}{12}$, $\frac{1}{24}$, $\frac{1}{8}$, $\frac{1}{6}$, $\frac{1}{12}$, $\frac{1}{4}$ ausgegeben.

Für die logische Funktion $g_{\mathscr{L}'}$ von $\mathscr{L}'$ gilt nach (35)

$$g_{\mathscr{L}'}\{({}^1u_{j_1}, {}^1u_{j_2}), x_s\} = \begin{cases} {}^1u_{j_1} & \text{für } x_s = x_1, \\ {}^2u_{j_2} & \text{für } x_s = x_2. \end{cases} \tag{38}$$

Das Zustandsdiagramm von $\mathscr{A}'$ zeigt Abb. 14. Die Zustände und die ihnen durch g zugeordneten Output-

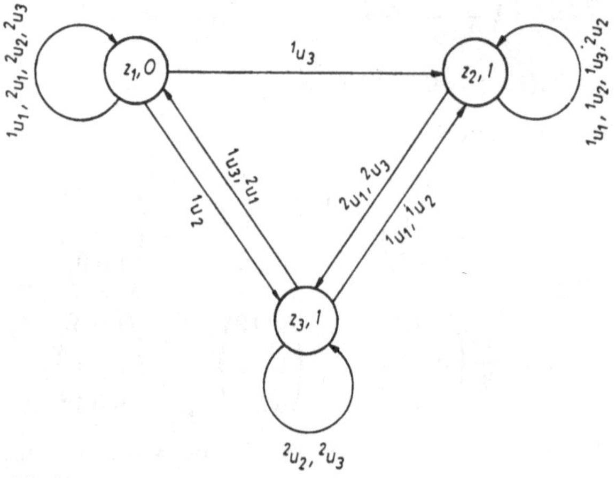

Abb. 14

symbole 0 und 1 sind in Abb. 14, wie bei Moore-Automaten üblich, gemeinsam von einem Kreis umschlossen.

Auch die direkte Realisierung eines endlichen stochastischen Mealy-Automaten $\mathscr{C} = [X = \{x_1, \ldots, x_L\}, Y = \{y_1, \ldots, y_M\}, Z = \{z_1, \ldots, z_N\}, P_f, P_g]$ aus einem Zufallsgenerator $\mathscr{G}$ und einem determinierten Automaten $\mathscr{A}$ ist möglich (vgl. [22]). Die Struktur der angestrebten Realisierung ist in Abb. 15 dargestellt.

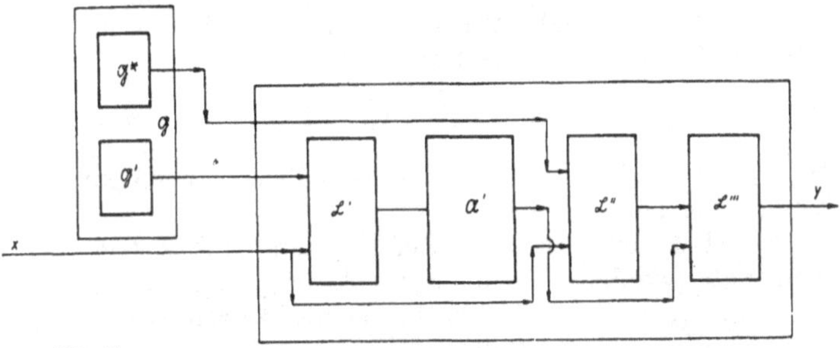

Abb. 15

Die Matrizen $\mathbf{P}_f(\mathrm{x}) = \big(P_{f_{ij}}(\mathrm{x})\big)$ und $\mathbf{P}_g(\mathrm{x}) = \big(P_{g_{k,l}}(\mathrm{x})\big)$ mit $P_{f_{ij}}(\mathrm{x}) = P_f(\mathrm{z}_j/\mathrm{z}_i, \mathrm{x})$ und $P_{g_{k,l}}(\mathrm{x}) = P_g(\mathrm{y}_k/\mathrm{z}_l, \mathrm{x})$ sind wieder gemäß (30) nach determinierten stochastischen Matrizen zu entwickeln.

$$\mathbf{P}_f(\mathbf{x}_s) = \sum_{i_s=1}^{r_s} \alpha_{i_s}^{s\,i_s}\mathbf{A}(\mathbf{x}_s), \qquad s = 1, \ldots, L, \tag{39}$$

$$\mathbf{P}_g(\mathbf{x}_t) = \sum_{j_t=1}^{r_t} \delta_{j_t}^{t\,j_t}\tilde{\mathbf{A}}(\mathbf{x}_t), \qquad t = 1, \ldots, L. \tag{40}$$

Aus (39) sind $\mathscr{G}'$, $\mathscr{L}'$ und $\mathscr{A}'$ wie im Falle outputdeterminierter Automaten bestimmt.

Ausgehend von (40) kann man wieder L Zufallsgeneratoren $\mathscr{G}_t^*$, $t = 1, \ldots, L$, bestimmen, die jeweils r_t Symbole ${}^t\mathrm{v}_{j_t}$ mit den Wahrscheinlichkeiten $\hat{\beta}({}^t\mathrm{v}_{j_t}) = \delta_{j_t}^t$ ausgeben. Die L Zufallsgeneratoren $\mathscr{G}_t^*$ fassen wir wieder zu einem Zufallsgenerator $\mathscr{G}^*$ zusammen, der die L-Tupel ${}^1\mathrm{v}_{t_1}, {}^2\mathrm{v}_{j_2}, \ldots, {}^L\mathrm{v}_{j_L}$ mit der Wahrscheinlichkeit

$$\hat{\beta}({}^1\mathrm{v}_{j_1}, {}^2\mathrm{v}_{j_2}, \ldots, {}^L\mathrm{v}_{j_L}) = \delta_{j_1}^1 \delta_{j_2}^2 \cdots \delta_{j_L}^L$$

ausgibt.

Durch $\mathscr{L}''$ wird dann dem Input $\{({}^1\mathrm{v}_{j_1}, \ldots, {}^L\mathrm{v}_{j_L}), \mathrm{x}_t\}$ der Output ${}^t\mathrm{v}_{j_t}$ zugeordnet. Sei wieder $g_{\mathscr{L}''}$ die kombinatorische Funktion von $\mathscr{L}''$, so soll also

$$g_{\mathscr{L}''}\{({}^1\mathrm{v}_{j_1}, {}^2\mathrm{v}_{j_L}, \ldots, {}^L\mathrm{v}_{j_L}), \mathrm{x}_t\} = {}^t\mathrm{v}_{j_t} \tag{41}$$

gelten.

$\mathscr{L}'''$ ist bei Eingabe von ${}^t\mathrm{v}_{j_t}$ durch ${}^{j_t}\tilde{\mathbf{A}}(\mathrm{x}_t)$ bestimmt. Für die $\mathscr{L}'''$ beschreibende Funktion $g_{\mathscr{L}'''}$ gilt

$$g_{\mathscr{L}'''}({}^t\mathrm{v}_{j_t}, \mathrm{z}_i) = \mathrm{y}_{j_{t_i}}. \tag{42}$$

Mit j_{t_i} ist wieder die Stelle der i-ten Zeile von ${}^{j_t}\tilde{\mathbf{A}}(\mathrm{x}_t)$ bezeichnet, die gleich 1 ist.

$\mathscr{G}'$ und $\mathscr{G}^*$ sind zu einen Zufallsgenerator $\mathscr{G}$ zusammengefaßt worden, der die Symbole $({}^1\mathrm{u}_{i_1}, {}^2\mathrm{u}_{i_2}, \ldots, {}^L\mathrm{u}_{i_L}, {}^1\mathrm{v}_{j_1}, {}^2\mathrm{v}_{j_2}, \ldots, {}^L\mathrm{v}_{j_2})$ mit den Wahrscheinlichkeiten $\alpha^1_{i_1}\alpha^2_{i_2}\cdots \cdot \alpha^L_{i_L} \cdot {}^1\delta_{j_1} \cdot {}^2\delta_{j_2} \cdots \cdot {}^L\delta_{j_L}$ ausgibt ($i_s = 1, \ldots, r_s; j_t = 1, \ldots, r_t; s, t = 1, \ldots, L$).

Auch hier ist es, wie im Falle autonomer stochastischer Automaten möglich, nach einem Zufallsgenerator $\mathscr{G}_{\mathrm{min}}$ zu fragen, der eine Realisierung eines endlichen stochastischen Automaten in der in Abb. 12 bzw. 15 angegebenen Weise zuläßt.

Diese Möglichkeit der Realisierung endlicher, stochastischer Automaten aus einem Zufallsgenerator und einem determinierten Automaten läßt eine Anwendung in der Theorie der Nachrichtenübertragungskanäle erkennen.

Vereinfacht besteht eine Nachrichtenübertragungskette aus (entsprechend kodierter) Quelle, Kanal und Empfänger. Dieses Schema zeigt Abb. 16.

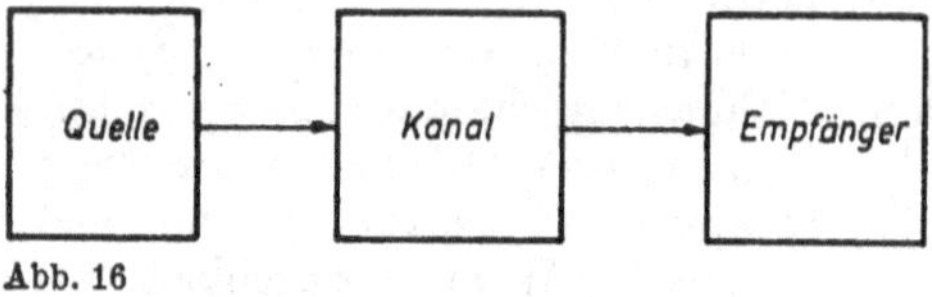

Abb. 16

Kann man nun den Kanal als einen endlichen stochastischen etwa outputdeterminierten Automaten $\mathscr{C}_K$ annehmen, so läßt sich $\mathscr{C}_K$ in der in Abb. 12 angegebenen Weise an einem Zufallsgenerator $\mathscr{G}_K$ und einem endlichen determinierten Automaten $\mathscr{A}_K$ realisieren. Wird von der Quelle eine durch einen endlichen stochastischen autonomen Automaten $\mathscr{C}_Q$ ausgebbare Zufallsfolge ausgegeben (im einfachsten Fall eine MARKOV-Folge endlicher Ordnung), so läßt sich $\mathscr{C}_Q$ aus einem Zufallsgenerator $\mathscr{G}_Q$ und einem endlichen determinierten Automaten $\mathscr{A}_Q$ in der in Abb. 8 dargestellten Weise realisieren.

Quelle und Kanal von Abb. 16 erlauben die in Abb. 17 gegebene Darstellung.

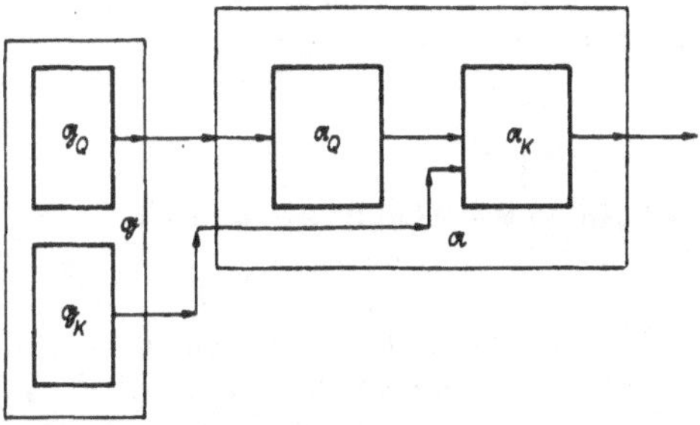

Abb. 17

Fassen wir wie in Abb. 17 $\mathscr{G}_Q$ und $\mathscr{G}_K$ zu $\mathscr{G}$ und $\mathscr{A}_Q$ und $\mathscr{A}_K$ zu $\mathscr{A}$ zusammen, so ist von $\mathscr{A}$ die von $\mathscr{G}$ ausgegebene BERNOULLI-Folge zu verarbeiten. In diesem Sinne kann also die Theorie der Übertragung von Homomorphismen von MARKOV-Folgen erster Ordnung in einem endlichen Alphabet durch endliche, stochastische Automaten auf die Übertragung von BERNOULLI-Folgen durch endliche, determinierte Automaten zurückgeführt werden. Probleme der Eindeutigkeit der Realisierung scheinen hier von Wichtigkeit zu sein.

Die Möglichkeit der Realisierung eines stochastischen Automaten aus Zufallsgenerator und einem determinierten Automaten läßt auch folgende Interpretation zu:

In jedem Takt wird von einem Zufallsgenerator ein determinierter Automat aus einer Klasse determinierter Automaten ausgewählt, durch den die Zustandsüberführung und der Output festgelegt ist. Diese Überlegung legt es nahe, Unterklassen stochastischer Automaten folgendermaßen festzulegen:

Ausgehend von einer Unterklasse von determinierten Automaten wählt in jedem Takt ein Zufallsgenerator einen Automaten der betrachteten Unterklasse zufällig aus. Durch diesen Automaten ist dann Folgezustand und Ouput bei anliegendem Input bestimmt. Als Unterklassen kann man etwa wie in [31] lineare Automaten gegebener Dimensionen über einem Körper K wählen. Ein solches Modell kann zur Beschreibung unzuverlässiger, inearer Automaten dienen (s. Abschn. 8).

5. Synthese von kombinatorischen π-Schemata

Unter einem π-Schema π verstehen wir einen kombinatorischen, stochastischen Automaten $\mathscr{C}_\pi = [X, Y, Z, P]$ mit $X = Y = \{0, 1\}$, $Z = \{z\}$ (Einermenge) und $P(z, 1/z, 1) = p(1/1) = \pi$, $P(z, 0/z, 1) = p(0/1) = 1 - \pi$, $(Pz, 1/z, 0) = p(1/0) = 0$, $P(z, 0/z, 0) = p(0/0) = 1$. Bei Eingabe einer 1 gibt ein π-Schema mit der Wahrscheinlichkeit π eine 1 und mit der Wahrscheinlichkeit $1 - \pi$ eine 0 aus.

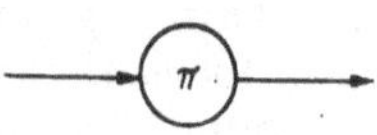

Abb. 18

Bei Eingabe einer 0 wird mit Sicherheit eine 0 ausgegeben. Ein π-Schema läßt sich als zufälliger Kontakt oder Wackelkontakt interpretieren. π-Schemata, die Reihen-Parallelschaltungen von $\pi_1, \pi_2, \ldots, \pi_k$-Schemata sind, spielen in der Zuverlässigkeitstheorie bei der Aufstellung der Zuverlässigkeitsfunktion eine Rolle (vgl. z. B. [39]).

Wir gehen hier auf einige Probleme der Synthese von π-Schemata als Reihen-Parallelschaltung von $\pi_1, \pi_2, \ldots, \pi_k$-Schemata ein. Das Bild eines π-Schemas ist in Abb. 18 dargestellt.

Zunächst zeigt man leicht, daß gilt:

1. Die Reihenschaltung der k Schemata $\pi_1, \pi_2, \ldots, \pi_k$

ist ein π-Schema mit

$$\pi = \prod_{i=1}^{k} \pi_i. \tag{43}$$

2. Die Parallelschaltung der k Schemata $\boldsymbol{\pi}_1, \boldsymbol{\pi}_2, \ldots, \boldsymbol{\pi}_k$ ist ein π-Schema mit

$$\pi = 1 - \prod_{i=1}^{k} (1 - \pi_i). \tag{44}$$

Die Aussage über die Reihenschaltung ist unmittelbar klar, die Aussage über die Parallelschaltung beweist man etwa durch Induktion über k.

Im folgenden benötigen wir den Begriff der Invertierung eines π-Schemas.

Aus einem π-Schema, das eine Reihen-Parallelschaltung aus den k Schemata $\boldsymbol{\pi}_1, \boldsymbol{\pi}_2, \ldots, \boldsymbol{\pi}_k$ ist, erhält man durch Invertierung ein π^i-Schema, in dem man alle Reihenschaltungen durch Parallelschaltungen, alle Parallelschaltungen durch Reihenschaltungen und alle π_j, $j = 1, \ldots, k$, durch $\pi_j{}^i = 1 - \pi_j$ ersetzt.

Durch Invertierung eines π-Schemas entsteht ein $(1 - \pi)$-Schema. Diese Aussage kann man durch Induktion über k beweisen.

Für $k = 1$ ist die Aussage trivial. Für $k \geqq 2$ kann das π-Schema aus k Schemata $\boldsymbol{\pi}_1, \ldots, \boldsymbol{\pi}_k$

1. eine Reihenschaltung von 2 Schemata $\boldsymbol{\pi}'$ und $\boldsymbol{\pi}''$ sein,
2. eine Parallelschaltung aus 2 Schemata $\boldsymbol{\pi}'$ und $\boldsymbol{\pi}''$ sein,

wobei $\boldsymbol{\pi}'$ und π'' Reihen-Parallelschaltungen aus höchstens $k - 1$ Schemata sind.

Im ersten Fall gilt

$$\pi = \pi' \cdot \pi''.$$

Bei der Invertierung wird die Reihenschaltung von $\boldsymbol{\pi}'$ und $\boldsymbol{\pi}''$ in eine Parallelschaltung von $\boldsymbol{\pi}^{i'}$ und $\boldsymbol{\pi}^{i''}$ transformiert. Für $\boldsymbol{\pi}^{i'}$ und $\boldsymbol{\pi}^{i''}$ gilt aber nach Induktionsannahme $\pi^{i'} = 1 - \pi'$, $\pi^{i''} = 1 - \pi''$ und damit $\pi^i = 1 - (1 - \pi^{i'})(1 - \pi^{i''}) = 1 - \pi$.

Völlig analog führt man den Beweis im zweiten Fall. Zunächst befassen wir uns nun mit der Synthese eines π-Schemas aus $\frac{1}{2}$-Schemata und folgen hier wesentlich [23].

Nach [23] gilt dann: *Zur Synthese eines π-Schemas mit $\pi = \frac{m}{2^n}$ als Reihen-Parallelschaltung von $\frac{1}{2}$-Schemata sind n $\frac{1}{2}$-Schemata notwendig und hinreichend* ($n, m > 0, m$ ungerade).

Um zu veranschaulichen, daß mindestens n $\frac{1}{2}$-Schemata zur Synthese eines π-Schemas mit $\pi = \frac{m}{2^n}$ erforderlich sind, gehen wir von der Interpretation eines π-Schemas als zufälliger Kontakt aus, und wir nehmen an, daß das π-Schema aus $n - k$ $\frac{1}{2}$-Schemata ($1 \leqq k < n$) aufgebaut sei. Mit der Wahrscheinlichkeit $\frac{1}{2}$ ist jedes der $n - k$ $\frac{1}{2}$-Schemata leitend (l) oder nichtleitend ($\bar{l}$). Es gibt 2^{n-k} gleichwahrscheinliche Möglichkeiten der Verteilung von l und $\bar{l}$ auf die $(n - k)$ $\frac{1}{2}$-Schemata. Die Zahl der Verteilungen, bei denen das π-Schema leitend ist, sei x. Es muß dann

$$\frac{x}{2^{n-k}} = \frac{m}{2^n}$$

bzw.

$$x = \frac{m}{2^k}$$

gelten. Da m eine ungerade Zahl ist, ist das nicht möglich. Es muß also $k < 1$ gelten.

Wir zeigen nun durch Induktion über n, daß die Synthese eines π-Schemas mit $\pi = \frac{m}{2^n}$ aus n $\frac{1}{2}$-Schemata möglich ist.

Für $n = 1$ ist die Behauptung offensichtlich. Wir stellen $\frac{m}{2^n}$ im Dualsystem dar (für $\frac{1}{2}, \frac{3}{4}, \frac{5}{8}$ ergibt sich in dieser Darstellung 0,1; 0,11; 0,101), π hat dann die Form $\pi = 0, b_1 b_2 \cdots b_m$.

1. Ist $b_1 = 0$, so schreiben wir π als

$$\pi = 0{,}1 \cdot \pi^*$$

mit $\pi^* = \frac{\pi}{0{,}1} = 0, b_2 b_3 \cdots b_n = \frac{m^*}{2^{n-1}}$.

Für π^* gibt es nach Induktionsvoraussetzung ein π^*-Schema aus $n - 1$ $\frac{1}{2}$-Schemata. Wir verbinden das π^*-Schema in Reihe mit einem $\frac{1}{2}$-Schema und erhalten das gewünschte π-Schema aus n $\frac{1}{2}$-Schemata.

2. Ist $b_1 = 1$, dann gilt für das invertierte Schema $\pi^i = 1 - \pi$

$$\pi^i = 0, b_1{}^i b_2{}^i \cdots b_n{}^i \quad \text{mit} \quad b_1{}^i = 0.$$

Das π^i Schema läßt sich, wie unter 1. gezeigt, aus $\frac{1}{2}$-Schemata als Reihen-Parallelschaltung synthetisieren. Das π^i-Schema invertieren wir und erhalten ein π-Schema aus n $\frac{1}{2}$-Schemata.

Um ein π-Schema mit $\pi = \frac{m}{2^n}$ effektiv zu synthetisieren, stellen wir $\pi = \pi_0$ zunächst folgendermaßen dar:

1. Ist $\pi_0 < \frac{1}{2}$, d. h. $\pi = 0, b_1 b_2 \cdots b_n$ mit $b_1 = 0$, so setzen wir

$$\pi_0 = 0{,}1 \cdot \pi_1.$$

2. Ist $\pi_0 > \frac{1}{2}$, d. h. $\pi_0 = 0, b_1 b_2 \cdots b_n$ mit $b_1 = 1$, so gilt für $\pi_0' = 1 - \pi_0$, daß $\pi_0' < \frac{1}{2}$ ist, und wir setzen

$$\pi_0 = 1 - \pi_0' = 1 - 0{,}1 \cdot \pi_1.$$

Anschließend stellen wir π_1 in der gleichen Weise wie π_0 nach 1. oder 2. dar, je nachdem ob $\pi_1 < \frac{1}{2}$ oder $\pi_1 > \frac{1}{2}$ ist und bestimmen auf diese Weise π_2 usw.

Nach dem $(n-1)$-ten Schritt ergibt sich $\pi_{n-1} = 0{,}1$, und der Prozeß der Darstellung von π wird abgebrochen. Ausgehend von dieser Darstellung, können wir nun das vorgegebene π-Schema sukzessive aus n $\frac{1}{2}$-Schemata synthetisieren. π_{n-1} ist ein $\frac{1}{2}$-Schema. Gilt $\pi_{n-2} = 0{,}1 \cdot \pi_{n-1}$, so verbinden wir das π_{n-1}-Schema in Reihe mit einem $\frac{1}{2}$-Schema. Gilt $\pi_{n-2} = 1 - 0{,}1 \cdot \pi_{n-1}$, so verbinden wir das π_{n-1}-Schema in Reihe mit einem $\frac{1}{2}$-Schema und invertieren das erhaltene Schema.

Gilt $\pi_{k-1} = 0{,}1\pi_k$, so verbinden wir das π_k-Schema in Reihe mit einem $\frac{1}{2}$-Schema, gilt $\pi_{k-1} = 1 - 0{,}1\,\pi_k$, so verbinden wir das π_k-Schema in Reihe mit einem $\frac{1}{2}$-Schema, invertieren und erhalten so das π_{k-1}-Schema $(k = n-1, \ldots, 1)$.

Als Beispiel betrachten wir die Synthese eines π-Schemas mit $\pi = \frac{5}{16}$ oder im Dualsystem $\pi = 0{,}0101$.

Es gilt dann

$$\begin{aligned}
\pi_0 = \pi = 0{,}0101 &= 0{,}1 \cdot \pi_1, \\
\pi_1 &= 0{,}101, \\
\pi_1 = 1 - \pi_1', &\quad \pi_1' = 0{,}011, \\
= 1 - 0{,}1 \cdot \pi_2', &\quad \pi_2 = 0{,}11, \\
\pi_2 = 1 - \pi_2', &\quad \pi_2' = 0{,}01, \\
= 1 - 0{,}1 \cdot \pi_3, &\quad \pi_3 = 0{,}1, \\
\pi_3 = 0{,}1.
\end{aligned}$$

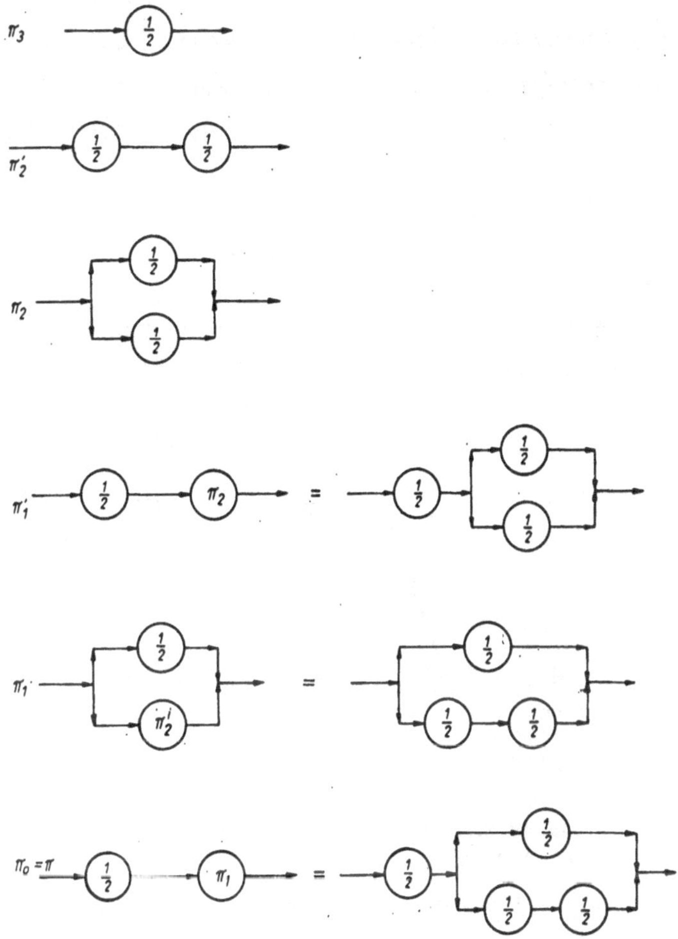

Abb. 19

Die einzelnen Schritte der Synthese zeigt Abb. 19.

Die Synthese eines π-Schemas mit $\pi = \frac{m}{3^n}$ aus $\frac{1}{3}$- und $\frac{2}{3}$-Schemata läßt sich ähnlich wie die Synthese aus

$\frac{1}{2}$-Schemata durchführen. Dabei läßt sich ein $\frac{2}{3}$-Schema aus einem $\frac{1}{3}$-Schema durch Negation gewinnen.

Wir stellen $\pi = \pi_0$ folgendermaßen dar:

1. Ist $0 < \pi_0 < \frac{1}{3}$, so setzen wir

$$\pi_0 = \frac{1}{3} \cdot \pi_1 \text{ mit } \pi_1 = \frac{m_1}{3^{n-1}},$$

2. ist $\frac{2}{3} < \pi < 1$, so ist für $\pi_0' = 1 - \pi_0$, $0 < \pi_0' < \frac{1}{3}$ erfüllt, und wir setzen

$$\pi_0 = 1 - \pi_0' = 1 - \frac{1}{3}\pi_1 \text{ mit } \pi_1 = \frac{m_1}{3^{n-1}},$$

3. a) ist $\frac{1}{3} < \pi_0 < \frac{2}{3}$, $\pi_0 = \frac{m_0}{3^{n-0}}$ und m_0 gerade, so setzen wir

$$\pi_0 = \frac{2}{3}\pi_1 \text{ mit } \pi_1 = \frac{m_1}{3^{n-1}},$$

3. b) ist $\frac{1}{3} < \pi_0 < \frac{2}{3}$, $\pi_0 = \frac{m^0}{3^{n-0}}$ und m_0 ungerade, so setzen wir

$$\pi_0 = 1 - \pi_0' = 1 - \frac{2}{3}\pi_1 \text{ mit } \pi_1 = \frac{m_1}{3^{n-1}}.$$

Anschließend stellen wir π_1 in der gleichen Weise wie π_0 dar und bestimmen π_2 usw.

Nach $n - 1$ Schritten ergibt sich $\pi_{n-1} = \frac{1}{3}$ bzw. $\pi_{n-1} = \frac{2}{3}$ und der Prozeß der Darstellung von π wird abgebrochen.

Ausgehend von dieser Darstellung können wir das π-Schema sukzessive aus n $\frac{1}{3}$- bzw. $\frac{2}{3}$-Schemata synthetisieren. π_{n-1} ist ein $\frac{1}{3}$- oder ein $\frac{2}{3}$-Schema. Gilt $\pi_{k-1} = \frac{1}{3}\pi_k$ bzw. $\pi_{k-1} = \frac{2}{3}\pi_k$, so verbinden wir das π_k-Schema in Reihe mit einem $\frac{1}{3}$-Schema bzw. einem $\frac{2}{3}$-Schema, gilt

$$\pi_{k-1} = 1 - \frac{1}{3}\pi_k \text{ bzw. } 1 - \frac{2}{3}\pi_k,$$

so verbinden wir das π_k-Schema in Reihe mit einem $\frac{1}{3}$- bzw. $\frac{2}{3}$-Schema und invertieren. Beim Invertieren ist hier, neben der Umwandlung von Parallel- und Reihenschaltungen ein $\frac{1}{3}$-Schema durch ein $\frac{2}{3}$-Schema zu ersetzen und umgekehrt. k läuft wieder von $n - 1$ bis 1.

Man könnte nun annehmen, daß sich ein π-Schema mit $\pi = \frac{m}{p^n}$ für jedes $m, p > 0$ als Reihen-Parallelschaltung von endlich vielen $\frac{1}{p}$-, $\frac{2}{p}$-, ..., $\frac{p-1}{p}$-Grundschemata aufbauen ließe. Das ist nicht der Fall, wie das Beispiel eines π-Schemas mit $\pi = \frac{7}{5^2}$ zeigt, das als Reihen-Parallelschaltung von $\frac{1}{5}$-, $\frac{2}{5}$-, $\frac{3}{5}$-, $\frac{4}{5}$-Grundschemata zu synthetisieren wäre. Das π-Schema ist kein Grundschema. Besteht es aus mindestens 2 Grundschemata, so ist es entweder eine Reihenschaltung zweier Schemata π_1 und π_2, oder das invertierte π'-Schema mit $\pi' = 1 - \pi$ ist eine solche. Dabei muß

$$0 < \pi_1, \pi_2 < 1 \text{ und } \pi_1 = \frac{r}{5^M}, \pi_2 = \frac{s}{5^M} \text{ mit } r, s, M, N > 0$$

gelten. Wir können voraussetzen, daß r und s nicht durch 5 teilbar sind. Wäre π eine Reihenschaltung von π_1 und π_2, so müßte

$$\frac{7}{5^2} = \frac{r \cdot s}{5^{M+N}}$$

oder $5^{M+N-2} \cdot 7 = r \cdot s$ gelten. Da r und s teilerfremd mit 5 sind, folgt $M + M = 2$; $r \cdot s = 7$. Da 7 Primzahl ist, gilt entweder $r = 7$, $s = 1$ oder $s = 7$, $r = 1$.

Für $r = 7$ ergibt sich wegen $0 < \pi_1 < 1$, $M = 2$, $N = 0$ und damit $\pi_1 = \frac{7}{25}$, $\pi_2 = 1$. Analog schließt man für $s = 7$, $r = 1$, daß $\pi_1 = 1$, $\pi_2 = \frac{7}{25}$ ist. Das π-Schema mit $\pi = \frac{7}{25}$ ist also keine Reihenschaltung zweier π_1- und π_2-Schemata.

Ließe sich das π'-Schema mit $\pi' = 1 - \pi = \frac{18}{5^2}$ als Reihenschaltung zweier Schemata π_1 und π_2 darstellen mit $\pi_1 = \frac{r}{5^M}$, $\pi_2 = \frac{s}{5^N}$, so müßte

$$\frac{18}{5^2} = \frac{r}{5^M} \cdot \frac{s}{5^N}$$

gelten. Völlig annalog kann man schließen, daß das mit den Bedingungen $0 < \pi_1$, $\pi_2 < 1$; $r, s, M, N > 0$; r, s nicht durch 5 teilbar, nicht möglich ist.

Damit ist gezeigt, daß sich ein π-Schema mit $\pi = \frac{7}{25}$ nicht als Reihen-Parallelschaltung von $\frac{1}{5}$-, $\frac{2}{5}$-, $\frac{3}{5}$-, $\frac{4}{5}$-Schemata aufbauen läßt.

Eine notwendige Bedingung dafür, daß sich ein π-Schema als Reihen-Parallelschaltung von $\frac{1}{p}$-, $\frac{2}{p}$-, ..., $\frac{p-1}{p}$-Schemata aufbauen läßt, ist durch das zahlentheoretische Problem gegeben, ob sich π oder $\pi' = 1 - \pi$ als $\pi_1 \cdot \pi_2$ mit $\pi_1 = \frac{r}{p^M}$, $\pi_2 = \frac{s}{p^N}$, $0 < \pi_1, \pi_2 < 1$; $r, s, M, N > 0$, schreiben läßt.

6. Wahrscheinlichkeitstransformer

In diesem Abschnitt wenden wir uns der Frage zu, ob und wie man, ausgehend von einem gegebenen Zufallsgenerator, einen gewünschten Zufallsgenerator erhalten kann. Anders gesagt, wir beschäftigen uns mit dem Problem der Transformation von Bernoulli-Folgen in andere Bernoulli-Folgen. Diese Transformationen sollen durch determinierte Automaten vermittelt werden, die wir als *Wahrscheinlichkeitstransformer* bezeichnen.

Eine wichtige, einschränkende Aussage über die Möglichkeit, einen gewünschten Zufallsgenerator aus einem gegebenen Zufallsgenerator zu erhalten, macht der folgende Satz [21]:

Ist $\mathcal{G}$ ein Zufallsgenerator, der r Ausgabesignale mit positiver Wahrscheinlichkeit ausgibt. Dann läßt sich $\mathcal{G}$ nicht realisieren als Hintereinanderschaltung aus einem Zufallsgenerator $\mathcal{G}'$ mit m, $m < r$, Ausgabesignalen und einem endlichen determinierten Automaten $\mathcal{A}$. Ein stochastischer Anfangszustand für $\mathcal{A}$ sei zugelassen.

Für den Beweis dieses Satzes nehmen wir an, daß sich $\mathcal{G}$ in der angegebenen Form aus $\mathcal{G}'$ und $\mathcal{A} = [X, Y, Z, \mathfrak{z}_0, f, g]$ mit $|X| = m < r$ realisieren läßt. Mit $\mathfrak{z}_0$ sei der stochastische Anfangszustand von $\mathcal{A}$ bezeichnet. Für jedes $k \geqq 0$ kann $\mathcal{A}$ bei fixiertem Anfangszustand $z \in Z$ höchstens m^k verschiedene Wörter der Länge k und insgesamt höchstens $|Z| \cdot m^k$ verschiedene Wörter der Länge k ausgeben. Damit kann also auch das aus $\mathcal{G}'$ und $\mathcal{A}$ bestehende System mit positiver Wahrscheinlichkeit höchstens $|Z| \cdot m^k$ verschiedene Wörter der Länge k ausgeben. $\mathcal{G}$ gibt r^k verschiedene Wörter der Länge k mit positiver Wahrscheinlichkeit aus.

Da es für jedes $n \underset{Df}{=} |Z|$ und $m \geqq 2$, $r > m$ ein k, etwa $k = n \cdot m$, gibt, so daß

$$n \cdot m^k < r^k \qquad \text{oder} \qquad n < \left(\frac{r}{m}\right)^k$$

gilt, ist es nicht möglich, $\mathcal{G}$ aus $\mathcal{G}'$ und $\mathcal{A}$ in der angegebenen Weise zu realisieren.

Als einen im mathematischen Sinne einfachsten Zufallsgenerator wird man einen solchen ansehen, der zwei Symbole, etwa $\mathrm{x}_1, \mathrm{x}_2$ mit den Wahrscheinlichkeiten $\hat{\beta}(\mathrm{x}_1)$, $\hat{\beta}(\mathrm{x}_2) = 1 - \hat{\beta}(\mathrm{x}_1)$ ausgibt.

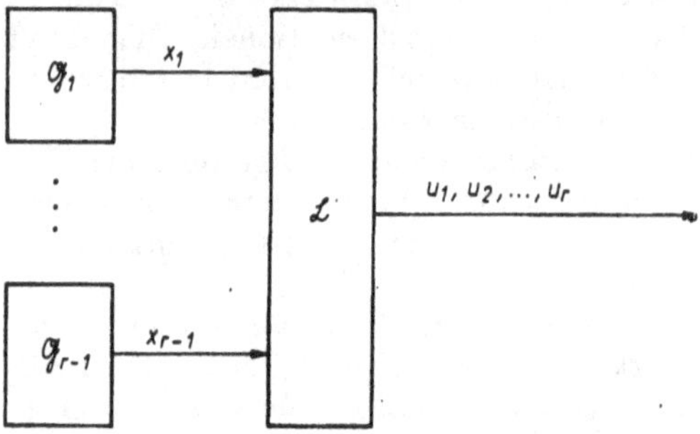

Abb. 20

Aus einem in diesem Sinne einfachsten Zufallsgenerator und einem determinierten Automaten läßt sich, wie der eben bewiesene Satz aussagt, ein gewünschter Zufallsgenerator im allgemeinen nicht aufbauen. Der folgende Satz zeigt [21], daß sich jeder Zufallsgenerator aus endlich vielen Zufallsgeneratoren mit zwei Ausgabesymbolen und einer determinierten kombinatorischen Schaltung realisieren läßt.

Jeder Zufallsgenerator $\mathcal{G}$, der r Symbole mit positiver Wahrscheinlichkeit ausgibt, läßt sich aus $r - 1$ Zufallsgeneratoren $\mathcal{G}_1, \ldots, \mathcal{G}_{r-1}$ die jeweils 2 Symbole mit positiver Wahrscheinlichkeit ausgeben, und einer kombinatorischen Schaltung $\mathcal{L}$ (endlicher determinierter Automat mit einem Zustand) in der in Abb. 20 dargestellten Weise realisieren.

Zum Beweis sei $\mathscr{G}$ ein Zufallsgenerator, der die Symbole $u_1, u_2, \ldots, u_r$ mit den Wahrscheinlichkeiten $\hat{p}(u_k) \underset{Df}{=} \beta_k$, $k = 1, \ldots, r$, ausgibt. Dabei können wir $\beta_k > 0$ für $k = 1, \ldots, r$ voraussetzen. $\mathscr{G}_1, \ldots, \mathscr{G}_{r-1}$ seien Zufallsgeneratoren, mit jeweils 2 Outputsymbolen, etwa 1 und 0, und den Wahrscheinlichkeiten

$$p_i(1),\ p_i(0) = 1 - p_i(1),\quad i = 1, \ldots, r-1.$$

Den Output von $\mathscr{G}_i$ bezeichnen wir mit x_i, wenn wir nicht spezifizieren, ab 0 oder 1 ausgegeben wird. Der Output der Zufallsgeneratoren $\mathscr{G}_1, \ldots, \mathscr{G}_{r-1}$ ist dann durch ein $(r-1)$-Tupel $(x_1, \ldots, x_{r-1})$, mit $x_i \in \{0,1\}$ beschrieben.

Für die Wahrscheinlichkeiten $p_i(1)$ bzw. $p_i(0)$ gelte:

$$\begin{aligned}
p_1(1) &= \beta_1, & p_1(0) &= 1 - \beta_1,\\
p_2(1) &= \frac{\beta_2}{1-\beta_1}, & p_2(0) &= \frac{1-\beta_1-\beta_2}{1-\beta_1},\\
p_3(1) &= \frac{\beta_3}{1-\beta_1-\beta_2}, & p_3(0) &= \frac{1-\beta_1-\beta_2-\beta_3}{1-\beta_1-\beta_2}, \quad (45)\\
&\vdots & &\vdots\\
p_{r-1}(1) &= \frac{\beta_{r-1}}{1-\beta_1-\cdots-\beta_{r-2}}, & p_{r-1}(0) &= \frac{1-\beta_1-\cdots-\beta_{r-1}}{1-\beta_1-\cdots-\beta_{r-2}}.
\end{aligned}$$

Die Wahrscheinlichkeit, daß von den Zufallsgeneratoren $\mathscr{G}_1, \ldots, \mathscr{G}_{r-1}$ das $(r-1)$-Tupel

$$(\underbrace{00\cdots0}_{j-1}1x_{j+1}\cdots x_{r-1}),\qquad j < r,$$

ausgegeben wird, ist dann nach (45) zu

$$p_1(0)\,p_2(0)\cdot\cdots\cdot p_{j-1}(0)\,p_j(1) = \beta_j$$

bestimmt. Für das $(r-1)$-Tupel $(0\cdots0)$ ergibt sich die Wahrscheinlichkeit zu

$$p_1(0)\cdot\cdots\cdot p_{r-1}(0) = \beta_r.$$

Bezeichnen wir mit $g_{\mathscr{L}}$ die kombinatorische Funktion von $\mathscr{L}$ und fordern wir

$$g_{\mathscr{L}}(\underbrace{00\cdots0}_{j-1}\,1\mathrm{x}_{j+1}\cdots\mathrm{x}_{r-1}) = \mathrm{u}_j\,, \qquad j = 1, \ldots, r-1\,,$$

$$g_{\mathscr{L}}(0\cdots0) = \mathrm{u}_r\,, \tag{46}$$

so gibt die Schaltung von Abb. 20 die Symbole $\mathrm{u}_1, \ldots, \mathrm{u}_r$ mit den Wahrscheinlichkeiten $\hat{p}(\mathrm{u}_1) = p_1, \ldots, \hat{p}(\mathrm{u}_r) = p_r$ aus.

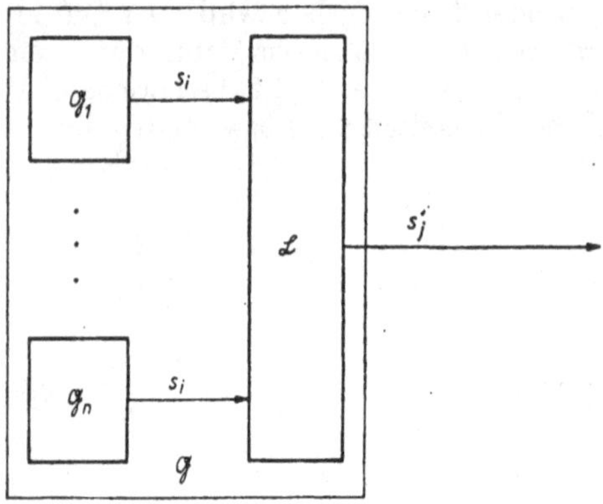

Abb. 21

Stehen uns nun n gleichartige Zufallsgeneratoren $\mathscr{G}_1, \ldots, \mathscr{G}_n$ zur Verfügung, die die Symbole $s_1, s_2, \ldots, s_k$ jeweils mit der Wahrscheinlichkeit $p_i(s_1) = p_i(s_2) = \cdots = p_i(s_k) = \frac{1}{k}$, $i = 1, \ldots, n$, ausgeben. Dann läßt sich aus diesen Zufallsgeneratoren und einer geeigneten kombinatorischen Schaltung $\mathscr{L}$ leicht ein Zufallsgenerator, wie in Abb. 21 dargestellt, bauen, der die Symbole $s_1', s_2', \ldots, s_l'$ mit den Wahrscheinlichkeiten

$$\hat{p}(s_i') = \frac{m_i}{k^n};\; i = 1, \ldots, k;\; m_i > 0, \sum_{i=1}^{l} m_i = k^n$$

ausgibt.

Den Output der Zufallsgeneratoren beschreiben wir wieder durch ein n-Tupel $(x_1, \ldots, x_n)$, $x_i \in \{s_1, \ldots, s_k\}$, $i = 1, \ldots, n$. Die k^n verschiedenen n-Tupel, die alle mit der gleichen Wahrscheinlichkeit $\left(\frac{1}{k}\right)^n$ von $\mathcal{G}_1, \ldots, \mathcal{G}_n$ auftreten, teilen wir in l Klassen ein. Die i-te Klasse K_i, $i = 1, \ldots, l$ soll dabei m_i, $i = 1, \ldots, l$, n-Tupel enthalten.

Fordern wir für die kombinatorische Funktion $g_{\mathcal{L}}$ von $\mathcal{L}$, daß genau dann, wenn $x_1 \cdots x_n \in K_i$ ist, $g_{\mathcal{L}}(x_1, \ldots, x_n) = s_i'$ gilt, so gibt $\mathcal{G}$ gerade s_i' mit der Wahrscheinlichkeit $\frac{m_i}{k^n}$ aus $(i = 1, \ldots, l)$. Im Gegensatz zu π-Schemata, Schemata, die Reihen-Parallelschaltungen aus $\frac{1}{k}$-, $\frac{2}{k}$-, $\ldots$, $\frac{k-1}{k}$-Schemata sind, läßt sich auf diese Weise jede Wahrscheinlichkeit, deren Wert $\frac{m_i}{k^n}$ ist, realisieren.

Tabelle 3

x_1	x_2	x_3	$g_{\mathcal{L}}$	x_1	x_2	x_3	$g_{\mathcal{L}}$
0	0	0	0	1	1	0	0
0	0	1	1	1	0	1	0
0	1	0	1	0	1	1	0
1	0	0	1	1	1	1	0

Als Beispiel sei ein Zufallsgenerator $\mathcal{G}$ mit den Outputsymbolen 1 und 0 und den Wahrscheinlichkeiten $\hat{p}(1) = \frac{3}{8}$, $\hat{p}(0) = \frac{5}{8}$ aus 3 Zufallsgeneratoren $\mathcal{G}_1$, $\mathcal{G}_2$, $\mathcal{G}_3$ zu realisieren, die jeweils die Symbole 1 und 0 mit der Wahrscheinlichkeit $p(1) = p(0) = \frac{1}{2}$ ausgegeben. Die $2^3 = 8$ Tripel 000, 001, …, 111 teilen wir in die Klassen $K_1 = \{001, 010, 100\}$, $K_2 = \{100, 110, 101, 011, 111\}$ ein. Die kombinatorische Funktion $g_{\mathcal{L}}$ ist hier eine 3stellige Boolesche Funktion, deren Wertetabelle in Tabelle 3 gegeben ist.

Ihre antivalente Normalform ist $g_{\mathscr{L}}(x_1, x_2, x_3) = x_1 + x_2 + x_3 + x_1x_2x_3$, wenn wir mit „+" die Antivalenz oder Addition modulo 2 bezeichnen. Aus Abb. 21 ergibt sich Abb. 22.

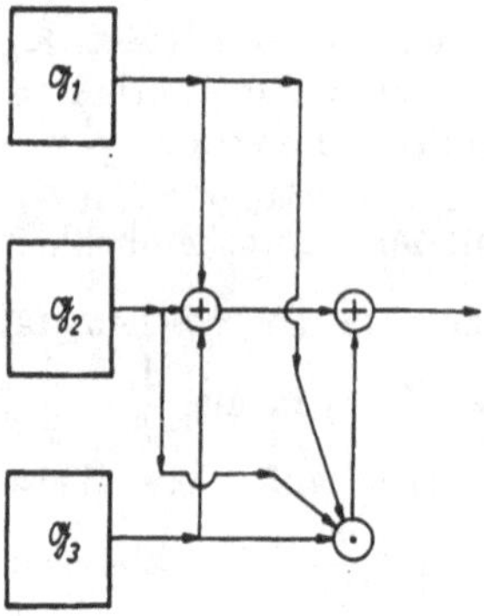

Abb. 22

Bei der Synthese von $\mathscr{G}$ nach Abb. 21 werden n gleichartige Zufallsgeneratoren $\mathscr{G}_1, \ldots, \mathscr{G}_n$ verwendet. Durch ihren Output $(\mathrm{x}_1, \ldots, \mathrm{x}_n)$ im Takt t ist im selben Takt durch $g_{\mathscr{L}}(\mathrm{x}_1, \ldots, \mathrm{x}_n)$ der Output von $\mathscr{G}$ bestimmt. $\mathscr{G}_i$, $i = 1, \ldots, n$, und $\mathscr{G}$ arbeiten im gleichen Takt.

Anstatt aus dem Output von n gleichen Zufallsgeneratoren $\mathscr{G}_1, \ldots, \mathscr{G}_n$ in einem Takt den Output von $\mathscr{G}$ im selben Takt zu bestimmen, kann man auch den Output eines Zufallsgenerators, etwa $\mathscr{G}_1$, in n Takten zur Berechnung des Outputs von $\mathscr{G}$ verwenden. $\mathscr{G}$ gibt dann allerdings nur aller n Takte, gemessen an der Taktung von $\mathscr{G}_1$, ein Symbol aus. Die prinzipielle Form einer solchen Realisierung zeigt Abb. 23. Der Output von $\mathscr{G}_1$ wird in einen Schiebespeicher eingegeben und $n - 1$ Takte gespeichert. Durch einen Frequenzteiler (vgl. [43], Abschn. 4.6), der die Binärfolge $\underbrace{0\cdots0}_{n-1}1$ periodisch ausgibt, kann man erreichen, daß $\mathscr{G}$ nur alle n Takte, gemessen an der Taktung von $\mathscr{G}_1$ ein interessierendes

Symbol ausgibt. Den Output des Frequenzteilers bezeichnen wir mit x_{n+1}.

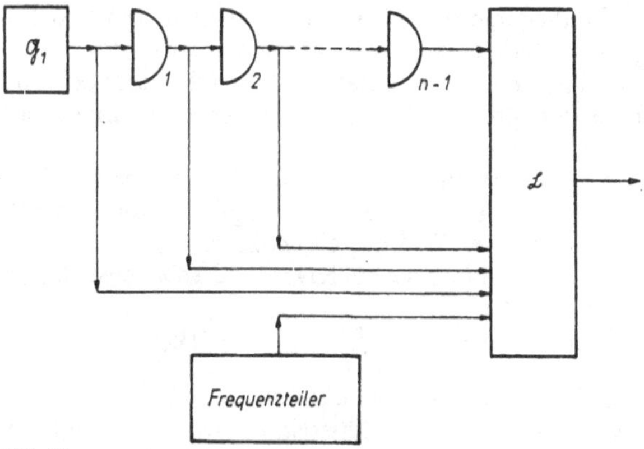

Abb. 23

Für die kombinatorische Funktion $g_{\mathscr{L}}$ von $\mathscr{L}$ fordern wir, daß

$$g_{\mathscr{L}}(x_1, \ldots, x_n, x_{n+1}) = \begin{cases} s_i' \text{ für } x_1, \ldots, x_n \in K_i \text{ und } x_{n+1} = 1 \\ * \text{ sonst} \end{cases}$$

gilt mit $* \neq s_i$, $i = 1, \ldots, n$.

Das Symbol $*$ bezeichnet die nicht interessierenden Outputs von $\mathscr{G}$. Mit beliebig vorgegebener Genauigkeit läßt sich jede Wahrscheinlichkeit in der Form $\frac{m}{k^n}$ $(m, n, k > 0)$ darstellen. Damit läßt sich aus einem Zufallsgenerator $\mathscr{G}_1$, der die Symbole $s_1, \ldots, s_k$ mit der Wahrscheinlichkeit $\frac{1}{k}$ ausgibt, einem Schiebespeicher aus $n-1$ D-Flip-Flop-Elementen, einem Frequenzteiler mit der Periode n und aus einer kombinatorischen Schaltung nach Abb. 23 ein Zufallsgenerator aufbauen, der die Symbole $s_1', \ldots, s_l'$ mit beliebiger Genauigkeit mit den Wahrscheinlichkeiten $P_1, \ldots, P_l$ ausgibt, wenn man eine entsprechende Verlangsamung der Taktung von $\mathcal{G}$ bezüglich der Taktung von $\mathcal{G}_1$ in Kauf nimmt. Das Prinzip der Taktverlangsamung erlaubt sogar, *approximativ* jeden Zufallsgenerator $\mathcal{G}$ aus irgendeinem anderen Zufallsgenerator $\mathcal{G}_1$, einem Schiebespeicher, einem Frequenzteiler und aus einer kombinatorischen Schaltung $\mathcal{L}$ prinzipiell in der gleichen Form, wie in Abb. 23, angegeben ist, zu realisieren.

Soll $\mathcal{G}$ die Symbole $s_1', \ldots, s_l'$ mit den Wahrscheinlichkeiten $\hat{p}(s_1'), \ldots, \hat{p}(s_l')$ ausgeben und gibt $\mathcal{G}_1$ die Symbole $s_1, \ldots, s_k$ mit den Wahrscheinlichkeiten $p(s_1), \ldots, p(s_k)$ aus, so sind für ein festes n die Klassen K_i so zu bestimmen, daß approximativ

$$\hat{p}(s_i') = \sum_{x_1, \ldots, x_n \in K_i} p(x_1) \cdot \cdots \cdot p(x_n)$$

gilt. Das ist für wachsendes n immer besser möglich. Das hier skizzierte Vorgehen illustrieren wir an Hand der Synthese eines Zufallsgenerators $\mathcal{G}$ mit den Outputsymbolen s_1', s_2', s_3' und den Wahrscheinlichkeiten $p(s_1') = \frac{1}{5}$, $p(s_i) = p(s_3') = \frac{2}{5}$ aus einem Zufallsgenerator $\mathcal{G}_1$, der die Symbole 1 und 0 mit den Wahrscheinlichkeiten $\hat{p}(1) = \frac{1}{3}$, $\hat{p}(0) = \frac{2}{3}$ ausgibt. Für $n = 2$ sind die Wahrscheinlichkeiten für die von $\mathcal{G}_1$ ausgegebenen Tupel 11, 10, 01, 00 gleich $\frac{1}{9}, \frac{2}{9}, \frac{2}{9}, \frac{4}{9}$. Es gilt $\frac{1}{5} = \frac{1{,}8}{9}$ und $\frac{2}{5} = \frac{3{,}6}{9}$. Wir setzen etwa $K_1 = \{10\}$, $K_2 = \{11{,}01\}$, $K_3 = \{00\}$, und $\mathcal{G}$ gibt dann mit den Wahrscheinlichkeiten 0,22; 0,33; 0,44 die Symbole s_1', s_2', s_3' aus. Für $n = 3$ werden von $\mathcal{G}_1$ die Tripel 111, 110, 011, 101, 001, 010, 100, 000 mit den Wahrscheinlichkeiten $\frac{1}{27}$, $\frac{2}{27}, \frac{2}{27}, \frac{2}{27}, \frac{4}{27}, \frac{4}{27}, \frac{4}{27}, \frac{8}{27}$ ausgegeben. Es gilt $\frac{1}{3} = \frac{5{,}4}{27}, \frac{2}{5} = \frac{10{,}8}{27}$.

Hier setzen wir etwa $K_1 = \{101, 100\}$, $K_2 = \{011, 010, 100\}$, $K_3 = \{000, 001, 111\}$, und es ergeben sich für s_1', s_2', s_3' die Wahrscheinlichkeiten 0,22; 0,37; 0,41.

Mit wachsendem n ist eine immer feinere Einteilung möglich. Ein Gesichtspunkt zur Bestimmung der Klassen K_i wäre etwa die Minimierung des Erwartungswertes des quadratischen Fehlers.

Eine besondere elegante Variante eines Wahrscheinlichkeitstransformers ist in [24] beschrieben, zu deren Erklärung wir von einem determinierten MOORE-Automaten

$$\mathscr{A}_n = [X, Y, Z, f, g] \text{ mit } X = \{x_1, x_2\}, Z = \{z_1, \ldots, z_n\}$$

und

$$\begin{aligned} f(z_i, x_1) &= z_i, && (i = 1, \ldots, n) \\ f(z_i, x_2) &= z_{i+1}, && (i = 1, \ldots, n-1) \\ f(z_n, x_2) &= z_1 \end{aligned}$$

ausgehen ($n > 0$). Y und g: Z → Y legen wir erst später fest. Das Zustandsdiagramm zeigt Abb. 24. x_1 überführt jeden Zustand in sich selbst, x_2 jeden Zustand in seinen Nachfolger.

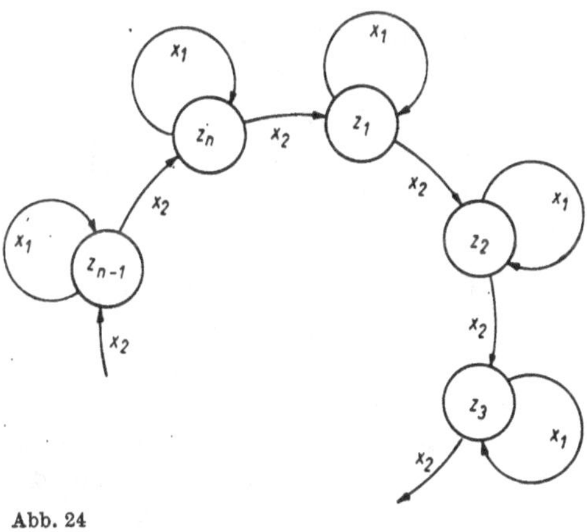

Abb. 24

Wird nun $\mathscr{A}_n$ in Reihe mit einem Zufallsgenerator $\mathscr{G}_1$ verbunden, der die Symbole $\mathbf{x}_1$, $\mathbf{x}_2$ mit den Wahrscheinlichkeiten $\hat{p}(\mathbf{x}_1) = \beta$, $\hat{p}(\mathbf{x}_2) = 1 - \beta$, $0 < \beta < 1$ ausgibt, so ist durch $\mathscr{G}$ und $\mathscr{A}_n$ ein autonomer outputdeterminierter, endlicher, stochastischer Automat $\mathscr{C}_n$ bestimmt. In den Zuständen von $\mathscr{C}_n$ ist damit eine MARKOV-Folge $\mathfrak{p}$ erster Ordnung festgelegt. Ihr Diagramm zeigt Abb. 25.

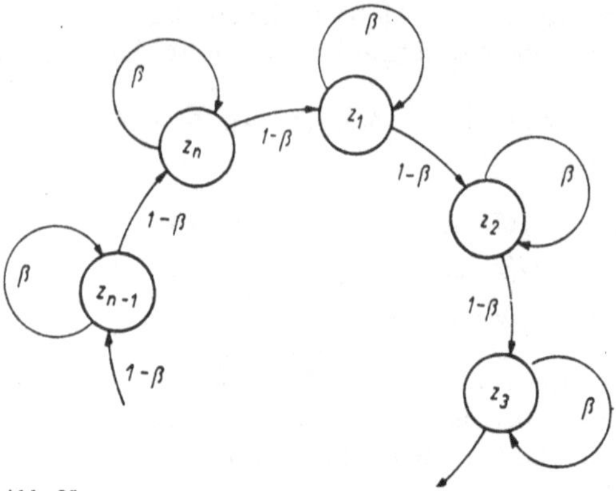

Abb. 25

Die Übergangsmatrix $\mathbf{P}$ von $\mathfrak{p}$ hat die Form

$$\mathbf{P} = \begin{pmatrix} \beta & 1-\beta & 0 & 0 \dots 0 & 0 \\ 0 & \beta & 1-\beta & 0 \dots 0 & 0 \\ 0 & 0 & \beta & 1-\beta \dots 0 & 0 \\ \vdots & & & \vdots & \vdots \\ 0 & 0 & 0 & 0 \dots \beta & 1-\beta \\ 1-\beta & 0 & 0 & 0 \dots 0 & \beta \end{pmatrix} \tag{48}$$

Wie man dem Diagramm von Abb. 25 entnimmt, ist $\mathfrak{p}$ regulär ergodisch, da jeder Zustand aus jedem Zustand mit positiver Wahrscheinlichkeit erreichbar und der größte gemeinsame Teiler der Zyklenlängen 1 ist.

Für den Grenzzustand $\mathfrak{z}_s$ folgt aus (25) und (48) sofort

$$\mathfrak{z}_s = \left(\frac{1}{n}, \frac{1}{n}, \ldots, \frac{1}{n}\right) \tag{49}$$

unabhängig von β.

Die Zustände von $\mathscr{C}_n$ können wir in m Klassen K_i, $i = 1, 2, \ldots, m$, zu m_i Elementen einteilen mit $m_i > 0$, $\sum_{i=1}^{m} m_i = n$, $m \leqq n$.

Wir wählen $K_1 = \{z_1, \ldots, z_{m_1}\}$, $K_2 = \{z_{m_1+1}, \ldots, z_{m_1+m_2}\}$, $\ldots$, $K_m = \{z_{m_1+\cdots+m_{m-1}+1}, \ldots, z_n\}$ und setzen $Y = \{y_1, \ldots, y_m\}$ und $g(z) = y_i$ genau dann, wenn $z \in K_i$ ist. Den ersten m_1-Zuständen ist dann y_1, den folgenden m_2 Zuständen y_2 zugeordnet usw.

Die Grenzwahrscheinlichkeiten $\mathfrak{y}_s(y_i)$ für die Ausgabe von y_i durch C_n sind dann wegen (49)

$$\mathfrak{y}_s(y_i) = \sum_{z \in K_i} \mathfrak{z}_s(z) = \frac{m_i}{n}, \qquad i = 1, \ldots, m. \tag{50}$$

Es sei nun ein Zufallsgenerator $\mathscr{G}_1'$ gegeben, der die Symbole $x_1', \ldots, x_r'$ mit den Wahrscheinlichkeiten $\hat{\beta}(x_1')$, $\ldots$, $\hat{\beta}(x_r')$ ausgibt, und es sei ein Zufallsgenerator $\mathscr{G}$ zu synthetisieren, der die Symbole $y_1, \ldots, y_m$ mit den Wahrscheinlichkeiten $\hat{\beta}(y_1), \ldots, \hat{\beta}(y_m)$ ausgibt. Die $\hat{\beta}(y_i)$, $i = 1, \ldots, m$, setzen wir als rationale Zahlen voraus. Aus dem gegebenen Zufallsgenerator $\mathscr{G}_1'$ und einer geeigneten kombinatorischen Schaltung $\mathscr{L}$ synthetisieren wir zunächst einen Zufallsgenerator $\mathscr{G}_1$ mit zwei Outputsymbolen x_1 und x_2. Dazu teilen wir die Outputsymbole $x_1', \ldots, x_r'$ von $\mathscr{G}_1'$ in beliebiger Weise in zwei Klassen X_1 und X_2 ein, so daß X_1 und X_2 nicht leer sind. Gilt für die kombinatorische Funktion $g_{\mathscr{L}}$ von $\mathscr{L}$

$$g_{\mathscr{L}}(x_i') = \begin{cases} x_1 \text{ für } x_i' \in X_1 \\ x_2 \text{ für } x_i' \in X_2 \end{cases},$$

so ist die Reihenschaltung von $\mathscr{G}_1'$ und $\mathscr{L}$ ein Zufallsgenerator $\mathscr{G}_1$ mit den Outputsymbolen x_1 und x_2 und den Wahrscheinlichkeiten

$$\hat{\beta}(\mathrm{x}_1) = \sum_{\mathrm{x}' \in \mathrm{X}_1} \hat{\beta}(\mathrm{x}'), \quad \hat{\beta}(\mathrm{x}_2) = \sum_{\mathrm{x}' \in \mathrm{X}_2} \hat{\beta}(\mathrm{x}').$$

Wir können also o. B. a. A. voraussetzen, daß wir $\mathscr{G}$ aus einem Zufallsgenerator $\mathscr{G}_1$ synthetisieren, der die Symbole x_1 und x_2 mit den Wahrscheinlichkeiten $\hat{\beta}(\mathrm{x}_1) = \beta$ und $\hat{\beta}(\mathrm{x}_2) = 1 - \beta$ ausgibt ($0 < \beta < 1$).

Die Wahrscheinlichkeiten $\hat{\beta}(\mathrm{y}_i)$, $i = 1, \ldots, m$, des zu synthetisierenden Zufallsgenerators $\mathscr{G}$ sind rationale Zahlen. Sie haben die Form

$$\hat{\beta}(\mathrm{y}_i) = \frac{M_i}{N_i} \text{ mit } M_i, N_i > 0, \qquad i = 1, \ldots, m.$$

Das kleinste gemeinsame Vielfache von $N_1, N_2, \ldots, N_m$ sei n. Dann lassen sich die $\hat{\beta}(\mathrm{y}_i)$ als

$$\hat{\beta}(\mathrm{y}_i) = \frac{m_i}{n} \quad \left(m_i, n > 0, \ \sum_{i=1}^{m} m_i = n\right)$$

darstellen.

Ausgehend von den determinierten Moore-Automaten $\mathscr{A}_n$ können wir nun unter Verwendung des Zufallsgenerators $\mathscr{G}_1$ mit den Outputsymbolen x_1 und x_2 und den Wahrscheinlichkeiten $\hat{\beta}(\mathrm{x}_1) = \beta$ und $\hat{\beta}(\mathrm{x}_2) = 1 - \beta$, ($0 < \beta < 1$, sonst beliebig) einen Automaten $\mathscr{C}_n$ angeben, für dessen Grenzzustand $\mathfrak{z}_s$ nach (49) $\mathfrak{z}_s = \left(\frac{1}{n}, \frac{1}{n}, \ldots, \frac{1}{n}\right)$ gilt. Wegen
$g(\mathrm{z}) = \mathrm{y}_i$ genau dann, wenn $\mathrm{z} \in K_i$ und $|\mathrm{K}_i| = m_i$, folgt

$$\mathfrak{y}_s(\mathrm{y}_i) = \frac{m_i}{n} = \hat{\beta}(\mathrm{y}_i). \tag{51}$$

Die Grenzwahrscheinlichkeiten $\mathfrak{y}_s(\mathrm{y}_i)$ stimmen mit den Wahrscheinlichkeiten $\hat{\beta}(\mathrm{y}_i)$ für die Ausgabe von y_i durch $\mathscr{G}$ überein. Da sich jede reelle Zahl approximativ als rationale Zahl darstellen läßt, ist die Bedingung, daß $\hat{\beta}(\mathrm{y}_i)$, $i = 1, \ldots, m$, rational ist, keine wesentliche Einschränkung.

Ist in einem gewissen Takt t von $\mathscr{C}_n$ das Symbol y_i tatsächlich ausgegeben worden, so ist der Zustand $\mathrm{z}(t)$ von $\mathscr{C}_n$ aus der Menge K_i. Ist $T > 0$ „genügend groß", so ist die Wahrscheinlichkeit, daß $\mathscr{C}_n$ im Takt $t + T$ im Zustand $\mathrm{z}'(t + T)$ ist, unabhängig von $\mathrm{z}(t)$ gleich $\mathfrak{z}_s(\mathrm{z}')$ $= \frac{1}{n}$ für jedes $\mathrm{z}' \in \mathrm{Z}$.

Betrachten wir nur aller T Takte ein Ausgabesymbol von $\mathscr{C}_n$ und bezeichnen wir mit $\mathfrak{y}_{kT}(\mathrm{y}_i)$ die Wahrscheinlichkeit, daß im Takte $k \cdot T$, $k = 1, 2, \ldots$, das Symbol y_i, $i = 1, \ldots, m$, ausgegeben wird, so gilt für genügend große T praktisch

$$\mathfrak{y}_{k\mathrm{T}}(\mathrm{y}_i) \approx \frac{m_i}{n} = \hat{\beta}(\mathrm{y}_i).$$

Durch β ist bei gegebener Genauigkeitsforderung für $\left(\mathfrak{y}_{k\mathrm{T}}(\mathrm{y}_i) - \hat{\beta}(\mathrm{y}_i)\right)$ die die Taktverlangsamung charakterisierende Größe T bestimmt. Ist N die kleinste ganze Zahl, daß $\mathbf{P}^N$ ausschließlich positive Elemente besitzt, und ist ε das kleinste Element von $\mathbf{P}^N$, so gilt für die Differenz Δ_k zwischen maximalen und minimalen Element jeder Spalte der Matrix $\mathbf{P}^K$ für $K = l \cdot N$, $l > 0$ (vgl. [25])

$$\Delta_{N \cdot l} \leqq (1 - 2\varepsilon)^l. \tag{52}$$

Für $T = N \cdot l$ unterscheiden sich also die Grenzwahrscheinlichkeiten $\mathfrak{y}_s(\mathrm{y}_i)$ von den $\mathfrak{y}_{k \cdot N \cdot l}(\mathrm{y}_i)$, $i = 1, \ldots, m$, um nicht mehr als $(1 - 2\,\varepsilon)^l$.

Die Abschätzung (52) ist sehr grob. Für $\mathfrak{p}$ sieht man am einfachsten an Hand des Diagrammes von Abb. 25, daß $N = n - 1$ und $\varepsilon = \beta^{n-1}$ oder $\varepsilon = (1 - \beta)^{n-1}$ ist, je nachdem ob $\beta < \frac{1}{2}$ oder $\beta > \frac{1}{2}$ ist.

Hat man genügend Zeit zu einer genügend großen Taktverlangsamung zur Verfügung, so kann man aus einem beliebigen Zufallsgenerator mit beliebiger Genauigkeit einen beliebigen anderen Zufallsgenerator synthetisieren.

Wahrscheinlichkeitstransformer kann man natürlich auch zur Transformation von Pseudozufallszahlen in Pseudozufallszahlen mit anderer Verteilung verwenden.

7. Verarbeitung von Bernoulli-Folgen in abstrakten Automaten

In den Abschnitten 7, 8 und 10 beschäftigen wir uns systematisch mit der Verarbeitung verschiedener Klassen von Zufallsfolgen durch Klassen abstrakter Automaten. Dabei beziehen wir uns wesentlich auf [26, 27, 28]. Erstmals wurde die Verarbeitung von Zufallsfolgen durch abstrakte Automaten in [9] betrachtet. Im Gegensatz zu Abschn. 6 lassen wir Taktverlangsamungen nicht zu.

Zunächst definieren wir den Begriff „Verarbeitung einer Zufallsfolge durch einen abstrakten (determinierten und stochastischen) Automaten".

1. Wird in einen determinierten, initialen Automaten

$$\mathscr{A} = [X, Y, Z, z_0, f, g]$$

die Zufallsfolge $\mathfrak{a}$ in X[1]) eingegeben, so gibt $\mathscr{A}$ die Zufallsfolge $\mathfrak{b}$ in Y[1]) aus, die durch

$$\mathfrak{b}(q) = \sum_{p;\, g(z_0,p)=q} \mathfrak{a}(p) \qquad p \in F(X),\, q \in F(Y) \tag{53}$$

festgelegt ist. Wir nennen $\mathfrak{b}$ die durch $\mathscr{A}$ Transformierte von $\mathfrak{a}$ und schreiben auch $\mathfrak{b} = \mathscr{A}(\mathfrak{a})$.

---

[1]) Wir betrachten hier stets Zufallfolgen in endlichen Mengen. Die Zustandmengen der betrachteten Automaten können unendlich sein.

Die Auftretenswahrscheinlichkeit $\hat{\varphi}(\mathrm{q})$ eines Wortes q am Ausgang von $\mathscr{A}$ setzt sich zusammen aus den Auftretenswahrscheinlichkeiten aller Wörter p am Eingang von $\mathscr{A}$, die durch $\mathscr{A}$ in q abgebildet werden.

Ist $\mathscr{A} = [\mathrm{X}, \mathrm{Y}, \mathrm{Z}, \mathrm{z}_0, f, g]$, $\mathrm{Z} = \{\mathrm{z}_0\}$, $f(\mathrm{z}_0, \mathrm{x}) = \mathrm{z}_0$ für $\mathrm{x} \in \mathrm{X}$, ein Automat mit nur einem Zustand, d. h. eine kombinatorische Schaltung, und $\hat{\alpha}$ eine Zufallsfolge in X, so nennen wir die Transformierte

$$\hat{\varphi} = \mathscr{A}(\hat{\alpha})$$

einen durch die Abbildung g vermittelten Homomorphismus von $\hat{\alpha}$.

Es gilt dann

$$\hat{\varphi}(\mathrm{y}_1 \cdots \mathrm{y}_n) = \sum_{\substack{\mathrm{x}_i;\, g(\mathrm{x}_i) = \mathrm{y}_i \\ i = 1, \ldots, n}} \hat{\alpha}(\mathrm{x}_1 \cdots \mathrm{x}_n) \tag{54}$$

für $n > 0$ und $\mathrm{y}_1, \ldots, \mathrm{y}_n \in \mathrm{Y}$.
Sind X und Y lineare Vektorräume über einem Körper und g eine lineare Abbildung, so nennen wir $\hat{\varphi}$ einen linearen Homomorphismus von $\hat{\alpha}$.

2. Wird in einem stochastischen initialen Automaten $\mathscr{C} = [\mathrm{X}, \mathrm{Y}, \mathrm{Z}, \mathfrak{z}_0, P]$ eine Zufallsfolge $\hat{\alpha}$ in X eingegeben, so gibt $\mathscr{C}$ die durch

$$\hat{\varphi}(\mathrm{q}) = \sum_{\mathrm{p} \in F(\mathrm{X})} \hat{\alpha}(\mathrm{p}) \cdot P_{\mathscr{C}}(\mathfrak{z}_0)(\mathrm{q}/\mathrm{p}) \tag{55}$$

bestimmte Zufallsfolge $\hat{\varphi}$ in Y aus.

Da $P_{\mathscr{C}}(\mathfrak{z}_0)(\mathrm{q}/\mathrm{p})$ nur für $|\mathrm{p}| = |\mathrm{q}|$ größer als Null ist, braucht man in (55) nur über Wörter p mit $|\mathrm{p}| = |\mathrm{q}|$ zu summieren. Die Auftretenswahrscheinlichkeit $\hat{\varphi}(\mathrm{q})$ eines Wortes q am Ausgang von $\mathscr{C}$ setzt sich zusammen aus den Auftretenswahrscheinlichkeiten aller Wörter p am Eingang von $\mathscr{C}$, jeweils multipliziert mit der Wahrscheinlichkeit $P_{\mathscr{C}}(\mathfrak{z}_0)(\mathrm{q}/\mathrm{p})$ nach (8), daß $\mathscr{C}$ bei Eingabe von p das Wort q ausgibt. Ist $\hat{\alpha}$ eine Zufallsfolge und $\mathscr{C}$ ein (stochastischer oder determinierter) initialer Automat, so ist $\hat{\varphi} = \mathscr{C}(\hat{\alpha})$ eine Zufallsfolge. Zum Beweis ist nachzurechnen, daß $\hat{\varphi}$ die Bedingung (115) des Anhangs erfüllt.

Diese Aussage ist als eine Rechtfertigung der Definitionen anzusehen. Weiterhin gilt:

Ist $\hat{\sigma}$ eine beliebige Zufallsfolge in einem Alphabet Y, *dann gibt es stets einen autonomen initialen stochastischen Automaten $\mathscr{C}$, der $\hat{\sigma}$ ausgibt.*

Den Beweis kann man durch Angabe von $\mathscr{C} = [\mathrm{X}, \mathrm{Y}, \mathrm{Z}, \mathfrak{z}_0, P]$ führen, wo $\mathrm{X} = \{\mathrm{x}\}$ (Einermenge), $\mathrm{Z} = \mathrm{F}(\mathrm{Y})$

$$\mathfrak{z}_0(\mathrm{z}) = \begin{cases} 1 \text{ falls } \mathrm{z} = \Lambda \\ 0 \text{ sonst} \end{cases}$$

und

$$P(\mathrm{q}', \mathrm{y}/\mathrm{q}, \mathrm{x}) = \begin{cases} \hat{\sigma}(\mathrm{q} \setminus \mathrm{y}) & \text{falls } \mathrm{q}' = \mathrm{qy} \\ 0 & \text{sonst} \end{cases}$$

für $\mathrm{q}, \mathrm{q}' \in \mathrm{Z}$, $\mathrm{y} \in \mathrm{Y}$ ist. Formal kann man formulieren, daß $\mathscr{C}$ die BERNOULLI-Folge $\hat{\beta}$ in $\mathrm{X} = \{\mathrm{x}\}$ mit $\hat{\beta}(\mathrm{x}) = 1$ in $\hat{\sigma}$ transformiert.

$$\hat{\sigma} = \mathscr{C}(\hat{\beta}).$$

Geeignete autonome stochastische initiale Automaten kann man somit als Quelle einer beliebig vorgegebenen Zufallsfolge ansehen.

Die Verarbeitung von BERNOULLI-Folgen in abstrakten Automaten untersuchen wir unter Verwendung des Begriffes der BERNOULLI-Erzeugbarkeit.

Wir sagen: Eine Zufallsfolge $\hat{\gamma}$ in einem Alphabet Y heißt in einem Automaten der Klasse $\mathscr{A}$ BERNOULLI-*erzeugbar*, kurz $\mathscr{A}$-BERNOULLI-erzeugbar, wenn es einen Automaten $\mathscr{A} \in \mathfrak{A}$ mit einem Inputalphabet X und dem Outputalphabet Y und eine BERNOULLI-Folge $\hat{\beta}$ in X gibt, so daß

$$\hat{\gamma} = \mathscr{A}(\hat{\beta})$$

gilt.

Als Automatenklassen werden betrachtet: stochastische und determinierte Automaten, endliche stochastische und determinierte Automaten, Automaten mit Schiebestruktur, lineare endliche Automaten und lineare Automaten mit Schiebestruktur.

Zunächst ist unmittelbar klar, daß *jede Zufallsfolge stochastisch* BERNOULLI-*erzeugbar ist* (da es zu jeder Zufallsfolge $\hat{\sigma}$ einen autonomen stochastischen Automaten $\mathscr{C} = [\mathrm{X}, \mathrm{Y}, \mathrm{Z}, \mathfrak{z}_0, P]$ mit $\mathrm{X} = \{\mathrm{x}\}$ und eine BERNOULLI-Folge $\hat{\beta}$ in $\mathrm{X} = \{\mathrm{x}\}$ mit $\hat{\beta}(\mathrm{x}) = 1$ gibt, so daß $\hat{\sigma} = \mathscr{C}(\hat{\beta})$ gilt).

Daß die Klasse der stochastisch BERNOULLI-erzeugbaren Zufallsfolgen echt größer ist, als die Klasse der determiniert BERNOULLI-erzeugbaren Zufallsfolgen, erkennt man an der Zufallsfolge $\hat{\gamma}$ in $\mathrm{Y} = \{0, 1\}$ mit

$$\gamma(\mathrm{q}\setminus 0) = \begin{cases} \dfrac{1}{k+1} \text{ falls } \mathrm{q} = 0^k & (k \geqq 0) \\ 0 \quad \text{ falls } \mathrm{q} = 0^k 1^l & (k, l \geqq 1) \\ \text{nicht definiert sonst} \end{cases}$$

$$\gamma(\mathrm{q}\setminus 1) = \begin{cases} 1 - \dfrac{1}{k+1} \text{ falls } \mathrm{q} = 0^k & (k \geqq 0) \\ 1 \quad \text{ falls } \mathrm{q} = 0^k 1^l & (k, l > 1) \\ \text{nicht definiert sonst.} \end{cases} \tag{56}$$

Da $\hat{\gamma}$ Zufallsfolge ist, ist $\hat{\gamma}$ stochastisch BERNOULLI-erzeugbar. Man rechnet sofort nach, daß

$$\hat{\gamma}(0^k) = \frac{1}{k!} \qquad k \geqq 0$$

gilt.

Wir nehmen nun an, $\hat{\gamma}$ sei determiniert erzeugbar. Dann gibt es einen determinierten Automaten $\mathscr{A} = [\mathrm{X}, \mathrm{Y}, \mathrm{Z}, \mathrm{z}_0, f, g]$ und eine BERNOULLI-Folge $\hat{\beta}$ in X, so daß $\hat{\gamma} = \mathscr{A}(\hat{\beta})$ ist. Es muß dann wegen (53)

$$\frac{1}{k!} = \hat{\gamma}(0^k) = \sum_{\mathrm{p}: g(\mathrm{z}_0, \mathrm{p}) = 0^k} \hat{\beta}(\mathrm{p}) \tag{57}$$

gelten. Es sei nun $\hat{\beta}(\mathrm{x}')$ die kleinste positive Auftretenswahrscheinlichkeit für ein $\mathrm{x} \in \mathrm{X}$ in $\hat{\beta}$.

Dann folgt aus (57) und (120)

$$\frac{1}{k!} = \sum_{\mathrm{x}_1 \ldots \mathrm{x}_k : g(z_0, \mathrm{x}_1 \ldots, \mathrm{x}_k) = 0^k} \hat{\beta}(\mathrm{x}_1) \cdot \cdots \cdot \hat{\beta}(\mathrm{x}_k) \geqq \left(\hat{\beta}(\mathrm{x}')\right)^k \tag{58}$$

Für $\hat{\beta}(\mathrm{x}')$ gibt es, wie für jede positive reelle Zahl, eine natürliche Zahl $k_0 > 0$, so daß

$$\left(\hat{\beta}(\mathrm{x}')\right)^{k_0} > \frac{1}{k_0!}$$

im Widerspruch zu (58) gilt.

Damit ist $\mathfrak{p}$ nicht determiniert BERNOULLI-erzeugbar und die Klasse der stochastisch BRENOULLI-erzeugbaren Zufallsfolgen ist echt größer als die der determiniert BERNOULLI-erzeugbaren Zufallsfolgen. Ebenfalls anhand eines Beispiels kann man zeigen [26], daß die Klasse der in determinierten Automaten BERNOULLI-erzeugbaren Zufallsfolgen echt größer ist als die Klassen der in endlichen determinierten Automaten BERNOULLI-erzeugbaren Zufallsfolgen.

Wir beweisen nun den interessanten Satz: *Die Klasse der in endlichen stochastischen Automaten* BERNOULLI-*erzeugbaren Zufallsfolgen ist identisch mit der Klasse der in endlichen determinierten Automaten* BERNOULLI-*erzeugbaren Zufallsfolgen.*

Die eine Richtung des Beweises ergibt sich sofort daraus, daß sich jeder endliche determinierte Automat als endlicher determinierter stochastischer Automat auffassen läßt.

Wir beweisen die andere Richtung: Dazu sei $\mathfrak{p}$ eine endliche stochastisch BERNOULLI-erzeugbare Zufallsfolge in einem Alphabet Y. Dann gibt es eine BERNOULLI-Folge in einem Alphabet X und einen endlichen stochastischen Automaten $\mathscr{C} = [\mathrm{X}, \mathrm{Y}, \mathrm{Z}, \mathfrak{z}_0, P]$, so daß $\mathfrak{p} = \mathscr{C}(\hat{\beta})$ gilt.

$\mathscr{C}$ läßt sich dann, wie in Abschn. 4 beschrieben, in der in Abb. 12 dargestellten Weise aus einem Zufallsgenerator

$\mathscr{G}$ und einem determinierten Automaten $\mathscr{A}$ realisieren. Dabei gibt der Zufallsgenerator $\mathscr{G}$ in einem Alphabet $U = \{u_1, \ldots, u_R\}$ eine BERNOULLI-Folge $\hat{\beta}_1$ mit den Auftretenswahrscheinlichkeiten $\hat{\beta}_1(u_i)$, $i = 1, \ldots, R$, aus.

Die Eingabe der BERNOULLI-Folge $\hat{\beta}$ im Alphabet X in $\mathscr{C}$ ist dann aber gleichwertig mit der Eingabe der BERNOULLI-Folge $\hat{\beta}'$ im Alphabet $X \times U$ in den determinierten Automaten $\mathscr{A}$, wobei $\hat{\beta}'$ festgelegt ist durch

$$\hat{\beta}'([x, u_i]) = \hat{\beta}(x) \cdot \hat{\beta}_1(u_i) \qquad x \in X, u_i \in U.$$

Damit ist gezeigt, daß die Zufallsfolge $\hat{p}$, wenn sie endlich stochastisch BERNOULLI-erzeugbar ist, auch endlich determiniert BERNOULLI-erzeugbar ist.

Die Klasse der endlich (stochastisch oder determiniert) BERNOULLI-*erzeugbaren Zufallsfolgen ist automatenfrei dadurch charakterisiert, daß sie identisch ist mit der Klasse aller Homomorphismen von* MARKOV-*Folgen erster Ordnung* [26].

Der Beweis dieser Behauptung ergibt sich aus den folgenden Ausführungen über die in Automaten mit Schiebestruktur BERNOULLI-erzeugbaren Zufallsfolgen und aus der Tatsache, daß es zu jedem endlichen Automaten einen äquivalenten endlichen outputdeterminierten MOORE-Automaten gibt.

In Abb. 26 sind die bisher erläuterten Beziehungen zwischen den in stochastischen determinierten endlichen stochastischen und endlichen determinierten Automaten BERNOULLI-erzeugbaren Klassen von Zufallsfolgen schematisch dargestellt.

Um die Klasse der MARKOV-Folgen endlicher Ordnung bezüglich ihrer BERNOULLI-Erzeugbarkeit charakterisieren zu können, wenden wir uns nun einer Klasse von Automaten, Automaten mit Schiebestruktur (Sh-Automaten) zu, die wir in Anlehnung an die Schieberegistergeneratoren der Nachrichtentechnik einführen (vgl. [43] Abschn. 3).

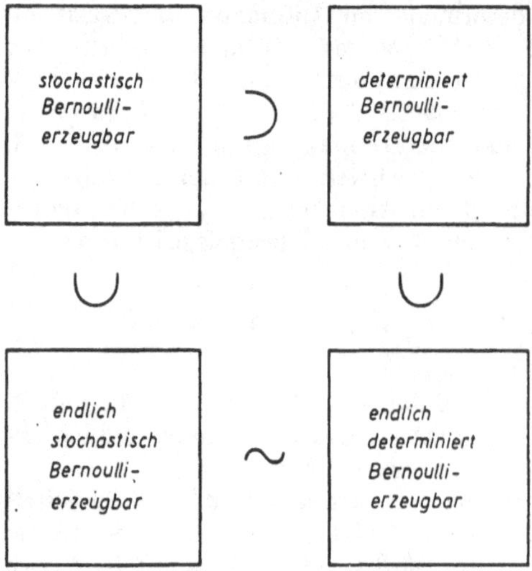

Abb. 26

Wir definieren: Ein determinierter MEALY-Automat $\mathscr{A} = [X, Y, Z, z_0, f, g]$ heißt *Automat mit Schiebestruktur k-ter Ordnung*, kurz Sh-Automat k-ter Ordnung, wenn

$$Z = \{q \text{ mit } q \in F(Y) \quad \text{und} \quad |q| < k\}$$

ist (Z ist also die Menge aller Wörter in Y, deren Länge nicht größer als k ist) und für jedes $z \in Z$, $x \in X$

$$f(z, x) = \varepsilon_k\big(z, g(z, x)\big)$$

gilt. Dabei ist ε_k die Funktion, die jedem Wort seine letzten k Buchstaben zuordnet:

$$\varepsilon_k(y_n \cdots y_1) = \begin{cases} y_n \cdots y_1 \text{ für } n \leqq k, \\ y_k \cdots y_1 \text{ für } n > k. \end{cases}$$

Sh-Automaten sind durch die Bestimmungsstücke X, Y, k, z_0, g eindeutig festgelegt.

Die Klasse aller Sh-Automaten k-ter Ordnung, $k \geqq 0$ bezeichnen wir mit $\mathfrak{S}_k$, die Klasse der Sh-Automaten endlicher Ordnung mit $\mathfrak{S}$.
Der Begriff des Sh-Automaten ist eine Verallgemeinerung des Begriffes MEDWEDEW-Automat. Die Klasse $\mathfrak{S}_1$ ist gerade die Klasse der MEDWEDEW-Automaten. $\mathfrak{S}_0$ beschreibt die Klasse der kombinatorischen Schaltungen.

Man überlegt sich sofort, daß der Zustand eines Sh-Automaten k-ter Ordnung $\mathscr{A}$ nach $t + k$ Takten genau das Wort ist, das $\mathscr{A}$ in den letzten k Takten ausgegeben hat ($t \geqq 0$).

Wir können nun den folgenden Satz formulieren:

Die Klasse der in Sh-*Automaten k-ter Ordnung* ($k \geqq 0$) BERNOULLI-*erzeugbaren Zufallsfolgen ist identisch mit der Klasse der* MARKOV-*Folgen k-ter Ordnung.*

Den Beweis führen wir in 2 Schritten. Für $k = 0$ ist der Beweis trivial.

1. Es sei $\mathfrak{p}$ eine MARKOV-Folge k-ter Ordnung ($k > 0$) in Y. Wir geben einen Sh-Automaten $\mathscr{A} \in \mathfrak{S}_k$ und eine BERNOULLI-Folge β an, so daß $\mathfrak{p} = \mathscr{A}(\beta)$ gilt.

Die Wörter $\mathrm{q} \in \mathrm{F(Y)}$, mit $|\mathrm{q}| \leqq k$ für die durch $\mathfrak{p}$ Übergangswahrscheinlichkeiten $\gamma(\mathrm{q/y})$, $\mathrm{y} \in \mathrm{Y}$, definiert sind, fassen wir zur Menge $M_\gamma = \{\mathrm{q}_1, \ldots, \mathrm{q}_m\}$, $m > 0$, zusammen. Die Numerierung der Elemente von M_γ ist willkürlich, aber fest. Außerdem legen wir m BERNOULLI-Folgen β_i in Y, $i = 1, \ldots, m$, durch

$$\beta_i(\mathrm{y}) = \gamma(\mathrm{q}_i \setminus \mathrm{y}) \qquad \mathrm{q}_i \in \mathrm{M}_\gamma, \mathrm{y} \in \mathrm{Y}$$

fest.

Aus den m BERNOULLI-Folgen β_i in Y, $i = 1, \ldots, m$, definieren wir eine BERNOULLI-Folge β in Y^m durch die Forderung, daß die m-Tupel

$$(\mathrm{y}_1, \ldots, \mathrm{y}_m); \mathrm{y}_1, \ldots, \mathrm{y}_m \in \mathrm{Y}$$

mit der Wahrscheinlichkeit

$$\beta(\mathrm{y}_1, \ldots, \mathrm{y}_m) = \beta_1(\mathrm{y}_1) \cdot \beta_2(\mathrm{y}_2) \cdots \beta_m(\mathrm{y}_m) \qquad .$$

ausgegeben werden.

Ist $\mathscr{A} \in \mathfrak{S}_k$ der durch $X = Y^k$, Y, $z_0 = \Lambda$ und

$$g(q, (y_1, \ldots, y_m)) = \begin{cases} y_i & \text{für } q = q_i \in M_\gamma, \\ \text{beliebig} & \text{sonst} \end{cases}$$

festgelegte Sh-Automat k-ter Ordnung, so gibt $\mathscr{A}$ bei Eingabe von $\hat{\beta}$ gerade $\hat{\gamma}$ aus

$$\hat{\gamma} = \mathscr{A}(\hat{\beta}).$$

2. Es sei $\mathscr{A}$ ein durch X, Y, z_0, g festgelegter Sh-Automat k-ter Ordnung und $\hat{\beta}$ eine BERNOULLI-Folge in X und $\hat{\gamma} = \bar{\mathscr{A}}(\hat{\beta})$. Ist $\mathscr{A}$ im Zustand z, so ist die Wahrscheinlichkeit $\gamma'(z \setminus y)$ für die Ausgabe von $y \in Y$ durch

$$\gamma'(z \setminus y) = \sum_{g(z,x)=y} \hat{\beta}(x)$$

bestimmt.

Der Zustand des Sh-Automaten k-ter Ordnung $\mathscr{A}$ nach $t + k$ Takten, $t \geqq 0$, ist aber genau das Wort $y_0 \cdots y_{k-1}$, das $\mathscr{A}$ in den letzten k Takten ausgegeben hat. Damit gilt für alle $qy_0 \cdots y_k$, $q'q_0 \cdots y_{k-1}$, die von $\mathscr{A}$ bei Eingabe von $\hat{\beta}$ tatsächlich ausgegeben werden:

$$\gamma(qy_0 \cdots y_{k-1} \setminus y) = \gamma(q'y_0 \cdots y_{k-1} \setminus y) = \gamma'(y_0 \cdots y_k \setminus y)$$

für

$$q, q' \in F(Y);\ y_0, \ldots, y_{k-1} \in Y,$$

und $\hat{\gamma}$ ist eine MARKOV-Folge k-ter Ordnung.

Ein detailierter Beweis ist in [26] zu finden.

Die Klasse der in Sh-Automaten 1-ter Ordnung BERNOULLI-erzeugbaren Zufallsfolgen ist somit gleich der Klasse der MARKOV-Folgen erster Ordnung. Zu jedem initialen determinierten Automaten läßt sich ein initialer äquivalenter determinierter MOORE-Automat angeben. Ein solcher Automat läßt sich aber stets auffassen als eine Reihenschaltung eines Sh-Automaten erster Ordnung und einer determinierten kombinatorischen Schaltung. Aus diesen Überlegungen ergibt sich, daß in endlichen determinierten Automaten (und damit in endlichen stochastischen Automaten) BERNOULLI-erzeugbaren Zufallsfolgen Homomorphismen von MARKOV-Folgen erster Ordnung sind.

8. Linare Markov-Folgen

Wir wenden uns in diesem Abschnitt dem Problem „Linearität und Zufallsfolgen" zu. Ausgehend von den Überlegungen von Abschn. 7 liegt es nahe, zunächst die Verarbeitung von BERNOULLI-Folgen in linearen Automaten und speziell linearen Sh-Automaten zu betrachten. Da MARKOV-Folgen endlicher Ordnung nach Abschn. 7 in der Klasse der Sh-Automaten BERNOULLI-erzeugbar sind, liegt es nahe, lineare MARKOV-Folgen als die Klasse der in linearen Sh-Automaten BERNOULLI-erzeugbaren Zufallsfolgen zu charakterisieren. Dabei ist es möglich, den Begriff lineare MARKOV-Folge endlicher Ordnung automatenfrei zuzufassen.

Die Klasse der in endlichen linearen Automaten BERNOULLI-erzeugbaren Zufallsfolgen ergibt sich als die Klasse der linearen Homomorphismen von linearen MARKOV-Folgen erster Ordnung.

Da lineare Automaten auch in Kodier- und Dekodierschaltungen wichtig sind, ist die Untersuchung der Verarbeitung von Zufallsfolgen in linearen Automaten von praktischem Interesse.

Ein *linearer Automat* ist wie in [43], Abschn. 3.1 durch die Gleichungen

$$\begin{aligned} \boldsymbol{z}(t+1) &= \mathbf{A}\cdot\boldsymbol{z}(t)+\mathbf{B}\cdot\boldsymbol{x}(t)\\ \boldsymbol{y}(t) &= \mathbf{C}\cdot\boldsymbol{z}(t)+\mathbf{D}\cdot\boldsymbol{x}(t)\end{aligned} \tag{59}$$

definiert. ($\boldsymbol{x}, \boldsymbol{y}, \boldsymbol{z}$ sind l-, m-, n-dimensionale Input-

Output und Zustandsvektoren aus den Vektorräumen $\mathfrak{X}$, $\mathfrak{Y}$, $\mathfrak{Z}$; **A**, **B**, **C**, **D** Matrizen entsprechender Dimension mit konstanten Matrixelementen).

Ein linearer Automat $\mathcal{L}$ soll *linearer Automat mit Schiebestruktur*, kurz linearer Sh-Automat, k-ter Ordnung $\mathcal{L}_{S_k}$ heißen, wenn für $k \geqq 1$ gilt

$\mathfrak{Z} = \mathfrak{Y}^k$

$$\mathbf{A} = \begin{vmatrix} \mathbf{O}_m & \mathbf{I}_m & \mathbf{O}_m & . & . & . & \mathbf{O}_m \\ \mathbf{O}_m & \mathbf{O}_m & \mathbf{I}_m & . & . & . & \mathbf{O}_m \\ \vdots & \vdots & \vdots & \vdots & \vdots & \vdots & \vdots \\ \mathbf{O}_m & \mathbf{O}_m & \mathbf{O}_m & . & . & . & \mathbf{I}_m \\ \mathbf{A}_1 & \mathbf{A}_2 & \mathbf{A}_3 & . & . & . & \mathbf{A}_k \end{vmatrix} \qquad \mathbf{B} = \begin{bmatrix} \mathbf{O}_{m,l} \\ \vdots \\ \mathbf{O}_{m,l} \\ \mathbf{B}_k \end{bmatrix} \tag{60}$$

$$\mathbf{M} = [\mathbf{O}_m \ \ldots \ \mathbf{O}_m \mathbf{I}_m],$$

$$\mathbf{C} = \mathbf{M} \cdot \mathbf{A}, \ \mathbf{D} = \mathbf{M} \cdot \mathbf{B}.$$

$\mathbf{O}_m$ und $\mathbf{I}_m$ sind die quadratische $m \times m$ Null- bzw. Einheitsmatrix; die Dimension der $\mathbf{A}_i$ $(i = 1, \ldots, k)$ ist $m \times m$, die Dimension von $\mathbf{B}_k$ ist $m \times l$, ebenso die Dimension von $\mathbf{O}_{m,l}$.

Für $m = 1$ ist $\mathcal{L}_{S_k}$ ein lineares Schieberegister k-ter Ordnung (vgl. [43], Abschn. 4, (42)).

Für $k = 1$ ergibt sich aus [60]

$$\mathbf{A} = \mathbf{A}_1, \ \mathbf{B} = \mathbf{B}_1, \ \mathbf{M} = \mathbf{I}_m,$$

und $\mathcal{L}_{S_1}$ ist ein linearer MEDWEDEW-Automat.

Für die Übertragungsmatrix eines linearen Sh-Automaten k-ter Ordnung ergibt sich analog zu (43) von [43]

$$\mathbf{I} = [\mathbf{I}_m - d\mathbf{A}_k - d^2\mathbf{A}_{k-1} - \cdots - d^k\mathbf{A}_1]^{-1}\mathbf{B}_k \tag{61}$$

Wir schreiben den Zustandsvektor $\mathfrak{z} \in \mathfrak{Y}^k$ in der Form

$$\mathfrak{z} = \begin{pmatrix} \mathfrak{z}_1 \\ \vdots \\ \mathfrak{z}_k \end{pmatrix},$$

$\mathfrak{z}_i \in \mathfrak{Y}, i = 1, \ldots, k.$

Die z_i sind dann m-dimensionale Spaltvektoren. Die Gleichung (3) und (4) aus [43] nimmt für lineare Sh-Automaten k-ter Ordnung die Form

$$z_i(t+1) = z_{i+1}(t), \qquad i = 1, \ldots, k-1,$$

$$z_k(t+1) = \sum_{i=1}^{k} \mathbf{A}_i z_i(t) + \mathbf{B}_k \cdot \boldsymbol{x}(t) \tag{62}$$

und

$$\boldsymbol{y}(t) = \sum_{i=1}^{k} \mathbf{A}_i \cdot z_i(t) + \mathbf{B}_k \cdot \boldsymbol{x}(t) \tag{63}$$

an. ∞

Bezeichnen wir $z_i(0) = \boldsymbol{y}(i-k-1)$, $i = 1, \ldots, k$, so erhält man für $\boldsymbol{y}(t)$

$$\boldsymbol{y}(t) = \sum_{j=0}^{k-1} \mathbf{A}_{k-j} \boldsymbol{y}(t-j-1) + \mathbf{B}_k \cdot \boldsymbol{x}(t) \tag{64}$$

(vgl. auch [43], Abschn. 4 (39, 40)).

Wir definieren nun automatenfrei den Begriff *lineare* MARKOV-*Folge* k-ter Ordnung und zeigen, daß man genau die Klassen der linearen MARKOV-Folgen k-ter Ordnung in der Klasse der linearen Sh-Automaten k-ter Ordnung BERNOULLI-erzeugen kann.

Eine Zufallsfolge p in einem m-dimensionalen linearen Vektorraum $\mathfrak{Y}$, $m \geqq 1$, über einem Körper K heißt genau dann lineare MARKOV-Folge k-ter Ordnung, wenn es

1. quadratische $m \times m$ = Matrizen $\mathbf{A}_i$, $i = 1, \ldots, k$, mit konstanten Matrixelementen aus K,

2. m-dimensionale konstante Vektoren $\boldsymbol{y}(-j)$, $j = 1, \ldots, k$, mit Werten der Komponenten aus K

3. eine Funktion φ gibt, so daß für alle definierten Übergangswahrscheinlichkeiten, d. h. für alle $\boldsymbol{y}(0)\,\boldsymbol{y}(1) \cdots \boldsymbol{y}(t-1)$

mit $$p\big(\boldsymbol{y}(0)\,\boldsymbol{y}(1) \cdots \boldsymbol{y}(t-1)\big) > 0$$

$$\gamma[\boldsymbol{y}(0)\,\boldsymbol{y}(1)\cdots\boldsymbol{y}(t-1)\diagdown\boldsymbol{y}(t)] = \varphi\left[\boldsymbol{y}(t) - \sum_{j=0}^{k-1}\mathbf{A}_{k-j}\boldsymbol{y}(t-j-1)\right] \tag{65}$$

gilt.

Ist $\mathfrak{p}$ eine lineare MARKOV-Folge k-ter Ordnung in $\mathfrak{Y}$ und ist $\mathfrak{Y}$ ein m-dimensionaler linearer Vektorraum über einem endlichen Körper GF(p), so gibt es unabhängig von k höchstens p^m verschiedene Übergangswahrscheinlichkeiten $\gamma(\mathrm{q}\diagdown\boldsymbol{y})$; $\mathrm{q} \in \mathrm{F}(\mathbf{Y})$, $\boldsymbol{y} \in \mathbf{Y}$. Daß die Klasse der linearen MARKOV-Folgen k-ter Ordnung identisch mit der Klasse der in linearen Sh-Automaten k-ter Ordnung BERNOULLI-erzeugbaren Zufallsfolgen ist, zeigen wir in 2 Schritten.

1. Ist $\mathfrak{p}$ eine lineare MARKOV-Folge k-ter Ordnung, $k \geqq 1$, in Y, so gibt es eine BERNOULLI-Folge $\hat{\beta}$ und einen linearen Sh-Automaten k-ter Ordnung $\mathcal{L}_{S_k}$, so daß

$$\mathfrak{p} = \mathcal{L}_{S_k}(\hat{\beta}) \tag{66}$$

gilt.

Da $\mathfrak{p}$ lineare MARKOV-Folge k-ter Ordnung ist, gibt es Matrizen $\mathbf{A}_i$, $i = 1, \ldots, k$; konstante Vektoren $\boldsymbol{y}(-j)$, $j = 1, \ldots, k$, und eine Funktion φ, so daß für die definierten Übergangswahrscheinlichkeiten

$$\gamma\left(\boldsymbol{y}(0)\,\boldsymbol{y}(1)\cdots\boldsymbol{y}(t-1)\diagdown\boldsymbol{y}(t)\right) = \varphi\left(\boldsymbol{y}(t) - \sum_{j=0}^{k-1}\mathbf{A}_{k-j}\,(t-j-1)\right)$$

erfüllt ist.

Ausgehend von $\mathfrak{p}$ können wir einen Automaten $\mathcal{L}_{S_k}$ und eine BERNOULLI-Folge $\hat{\beta}$ angeben, so daß (66) gilt. $\mathcal{L}_{S_k}$ sei durch $\mathfrak{X} = \mathfrak{Y}$, $\mathfrak{Y}$, $\mathfrak{Z} = \mathfrak{Y}^k$,

$$\mathbf{A} = \begin{bmatrix} \mathbf{0}_m & \mathbf{I}_m & \mathbf{0}_m & . & . & . & \mathbf{0}_m \\ \mathbf{0}_m & \mathbf{0}_m & \mathbf{I}_m & . & . & . & \mathbf{0}_m \\ \vdots & \vdots & \vdots & \vdots & \vdots & \vdots & \vdots \\ \mathbf{0}_m & \mathbf{0}_m & \mathbf{0}_m & & & & \mathbf{I}_m \\ \mathbf{A}_1 & \mathbf{A}_2 & \mathbf{A}_3 & . & . & . & \mathbf{A}_k \end{bmatrix}, \mathbf{B} = \begin{bmatrix} \mathbf{0}_m \\ \vdots \\ \mathbf{0}_m \\ \mathbf{I}_m \end{bmatrix} \boldsymbol{z}(0) = \begin{bmatrix} \boldsymbol{y}(-k) \\ \vdots \\ \boldsymbol{y}(-1) \end{bmatrix}$$

$$\mathbf{M} = [\mathbf{0}_m \cdots \mathbf{0}_m \mathbf{I}_m]$$

und $\hat{\beta}$ in $\mathfrak{Y}$ durch

$$\hat{\beta}(\boldsymbol{y}) = \varphi(\boldsymbol{y})$$

festgelegt. Unter Verwendung von (63) mit $\mathbf{B}_k = \mathbf{I}_m$ überzeugt man sich, daß tatsächlich

$$\mathcal{L}_{S_k}(\hat{\beta}) = \hat{\gamma}$$

gilt.

2. Ist $\hat{\beta}'$ eine BERNOULLI-Folge in einem Vektorraum $\mathfrak{X}'$ über einem Körper K' und $\mathcal{L}_{S_k}$ ein linearer Sh-Automat k-ter Ordnung mit $\mathfrak{X}'$, $\mathfrak{Y}'$, $\mathfrak{Z}' = \mathfrak{Y}'^k$, $\mathbf{A}', \mathbf{B}', \mathbf{M}'$, wobei $\mathbf{B}'$ die Form

$$\mathbf{B}' = \begin{pmatrix} \mathbf{0}_{m,l} \\ \vdots \\ \mathbf{0}_{m,l} \\ \mathbf{B}_k \end{pmatrix}$$

hat, so ist $\mathcal{L}'_{S_k}(\hat{\beta}')$ eine lineare MARKOV-Folge k-ter Ordnung.

An Stelle des Automaten $\mathcal{L}'_{S_k}$ und der BERNOULLI-Folge $\hat{\beta}'$ betrachten wir den linearen Sh-Automaten $\mathcal{L}_{S_k}$ mit

$$\mathfrak{X} = \mathfrak{Y},\ \mathfrak{Y} = \mathfrak{Y}',\ \mathfrak{Z} = \mathfrak{Y}^k,\ \mathbf{A} = \mathbf{A}',\ \mathbf{M} = \mathbf{M}',$$

$$\mathbf{B} = \begin{pmatrix} \mathbf{0}_m \\ \vdots \\ \mathbf{0}_m \\ \mathbf{I}_m \end{pmatrix}$$

und die BERNOULLI-Folge $\hat{\beta}$ in $\mathfrak{X} = \mathfrak{Y}$ mit

$$\hat{\beta}(\boldsymbol{y}) = \sum_{\boldsymbol{x}':\mathbf{B}_k\cdot\boldsymbol{x}'=\boldsymbol{y}} \hat{\beta}'(\boldsymbol{x}'), \qquad \boldsymbol{y} \in \mathfrak{Y}.$$

Durch direktes Nachrechnen ergibt sich

$$\mathcal{L}'_{S_k}(\hat{\beta}') = \mathcal{L}_{S_k}(\hat{\beta}).$$

Für $\mathcal{L}_{S_k}$ hat (63) die Form

$$\boldsymbol{y}(t) = \sum_{j=0}^{k-1} \mathbf{A}_{k-j}\boldsymbol{y}(t-j-1) + \boldsymbol{x}(t).$$

Damit gilt

$$\gamma\big(\boldsymbol{y}(0)\,\boldsymbol{y}(1)\cdots\boldsymbol{y}(t-1)\setminus\boldsymbol{y}(t)\big) = \sum_{\boldsymbol{x}:\boldsymbol{y}(t)=\sum_{j=0}^{k-1}\mathbf{A}_{k-j}\boldsymbol{y}(t-j-1)+\boldsymbol{x}(t)} \beta(\boldsymbol{x})$$

$$= \beta\left(\boldsymbol{y}(t) - \sum_{j=0}^{k-1}\mathbf{A}_{k-j}\boldsymbol{y}(t-j-1)\right)$$

für alle definierten Übergangswahrscheinlichkeiten.

Damit ist gezeigt: *Die Klasse der in linearen* Sh-*Automaten k-ter Ordnung* BERNOULLI-*erzeugbaren Zufallsfolgen ist identisch mit der Klasse der linearen* MARKOV-*Folgen k-ter Ordnung.*

Wir charakterisieren nun die in linearen Automaten BERNOULLI-erzeugbaren Zufallsfolgen. Man kann leicht zeigen, daß es zu jedem, durch (59) definierten linearen initialen Automaten $\mathcal{L}$ mit dem Initialzustand $\boldsymbol{z}_0$ einen linearen initialen MOORE-Automaten $\mathcal{L}_M$ mit

$$\mathfrak{X}_M = \mathfrak{X},\ \ \mathfrak{Y}_M = \mathfrak{Y},\ \ \mathfrak{Z}_M = \mathfrak{Z} \times \mathfrak{Y},\ \ \boldsymbol{z}_{0M} = (\boldsymbol{z}_0\boldsymbol{y}),\ \ \boldsymbol{y} \in \mathrm{Y},$$

und

$$\boldsymbol{z}(t+1) = \mathbf{A}_M \cdot \boldsymbol{z}(t) + \mathbf{B}_M \cdot \boldsymbol{x}(t), \tag{67}$$

$$\boldsymbol{y}(t) = \mathbf{C}_M \cdot \boldsymbol{z}(t) + \mathbf{D}_M \cdot \boldsymbol{x}(t) \tag{68}$$

mit

$$\mathbf{A}_M = \begin{pmatrix} \mathbf{A} & \mathbf{0} \\ \mathbf{C} & \mathbf{0} \end{pmatrix}, \quad \mathbf{B}_M = \begin{pmatrix} \mathbf{B} \\ \mathbf{D} \end{pmatrix},$$

$$\mathbf{M} = (\mathbf{0}\ \ \mathbf{I}),$$

$$\mathbf{C}_M = \mathbf{M} \cdot \mathbf{A}_M,\ \ \mathbf{D}_M = \mathbf{M} \cdot \mathbf{B}_M \tag{69}$$

gilt.

Man überzeugt sich, daß die allgemeine Response-Formel (vgl. Gl. (4) in [43]) für $\mathcal{L}$ und $\mathcal{L}_M$ übereinstimmen.

Für den Output $\boldsymbol{y}$ von $\mathscr{L}_M$ erhält man

$$\boldsymbol{y}(t) = \mathbf{M}[\mathbf{A}_M \cdot \boldsymbol{z}(t) + \mathbf{B}_M \cdot \boldsymbol{x}(t)] = \mathbf{M} \cdot \boldsymbol{z}(t+1). \quad (69)$$

$\boldsymbol{y}$ ist durch eine lineare Abbildung der Zustände des durch (67) definierten linearen MEDWEDEW-Automaten $\mathscr{L}_{S_1}$ bestimmt.

Damit ergibt sich unmittelbar die Aussage: *Die Klasse der in linearen Automaten (endlicher Dimension) BERNOULLI-erzeugbaren Zufallsfolgen ist identisch mit der Klasse aller linearen Homomorphismen aller linearen MARKOV-Folgen erster Ordnung.*

Im folgenden wenden wir uns noch einer Aussage über das Grenzverhalten bei linearen MARKOV-Folgen zu. Wir führen sie an, weil wir sie auf Grund ihrer BERNOULLI-Erzeugbarkeit gewinnen.

Ist $\mathfrak{p}$ eine lineare MARKOV-Folge k-ter Ordnung in einem m-dimensionalen linearen Vektorraum $\mathfrak{Y}$ über GF(p), sind p^m Übergangswahrscheinlichkeiten voneinander verschieden und ungleich 0, so ist $\mathfrak{p}$ ergodisch, nicht zyklisch.

Da $\mathfrak{p}$ lineare MARKOV-Folge k-ter Ordnung ist, gibt es einen linearen Sh-Automaten $\mathscr{L}_{S_k}$ mit $\mathfrak{X} = \mathfrak{Y}$ und

$$\mathbf{B} = \begin{pmatrix} \mathbf{0}_m \\ \vdots \\ \mathbf{0}_m \\ \mathbf{I}_m \end{pmatrix}$$

und eine BERNOULLI-Folge $\hat{\beta}$ in $\mathfrak{X}$, so daß $\mathfrak{p} = \mathscr{L}_{S_k}(\hat{\beta})$ gilt. Da alle p^m möglicherweise verschiedenen Übergangswahrscheinlichkeiten tatsächlich verschieden und verschieden von 0 sind, folgt $\hat{\beta}(\boldsymbol{x}) \neq 0$ für alle $\boldsymbol{x} \in \mathfrak{X}$.

$\mathscr{L}_{S_k}$ nimmt den Zustand $\mathbf{0}$ mit positiven Wahrscheinlichkeit an. Da $\mathscr{L}_{S_k}$ linearer Automat ist ([38] vgl. auch [43]), gibt es ein $K > 0$, so daß es zu jedem von $\mathbf{0}$ aus erreichbaren Zustand $\boldsymbol{z}$ eine Inputfolge der Länge K gibt, die $\boldsymbol{z}$ in $\mathbf{0}$ überführt. Ebenso gibt es zu jedem von $\mathbf{0}$

aus erreichbaren Zustand $\mathfrak{z}'$ eine Inputfolge der Länge K, die $\mathbf{0}$ in $\mathfrak{z}'$ überführt. Für alle von $\mathbf{0}$ aus erreichbaren Zustände $\mathfrak{z}, \mathfrak{z}'$ gibt es also eine Inputfolge der Länge $2K$ (durch den Zustand $\mathbf{0}$), die $\mathfrak{z}$ in $\mathfrak{z}'$ überführt. Da der Zustand $\mathbf{0}$ durch den Input $\mathbf{0}$ in sich überführt wird und $\hat{\beta}(\mathbf{0}) \neq 0$ ist, gibt es zu jedem $t \geqq 0$ eine Inputfolge der Länge $2K + t$, die $\mathfrak{z}$ in $\mathfrak{z}'$ überführt. Wegen $\hat{\beta}(\mathfrak{x}) > 0$ für alle $\mathfrak{x} \in \mathfrak{X}$ ist die Übergangswahrscheinlichkeit für alle möglichen $\mathfrak{z}, \mathfrak{z}'$ in $2K + t$ Takten größer als Null. $\mathscr{L}_{S_k}(\hat{\beta})$ ist also regulär ergodisch.

Zum Abschluß zeigen wir noch: *Nicht jede in der Klasse der linearen Automaten* BERNOULLI-*erzeugbare Zufallsfolge ist eine* MARKOV-*Folge k-ter* ($k > 0$) *Ordnung.*

Diese Aussage illustriert auch, daß ein Homomorphismus einer MARKOV-Folge erster Ordnung allgemein keine MARKOV-Folge endlicher Ordnung ist.

Zum Beweis geben wir eine linear BERNOULLI-erzeugbare Zufallsfolge $\hat{\gamma} = \mathscr{L}(\hat{\beta})$ an, die nicht linear Sh-BERNOULLI-erzeugbar ist.

$\mathscr{L}$ wählen wir als linearen Automaten über GF(2) mit

$$\mathfrak{X} = \mathfrak{Y} = \mathfrak{Z} = \{0, 1\}, \ \mathbf{A} = 0, \ \mathbf{B} = 1, \mathbf{C} = 1, \ \mathbf{D} = 1, \quad \mathfrak{z}_0 = 0,$$

und für $\hat{\beta}$ setzen wir

$$\hat{\beta}(0) = \frac{1}{4}, \qquad \hat{\beta}(1) = \frac{3}{4}.$$

Man überzeugt sich sofort, daß für alle $t \geqq 0$

$$\mathfrak{y}(t) = \mathfrak{x}(t) + \sum_{i=0}^{t-1} \mathfrak{y}(i)$$

und damit für alle $t \geqq 0$

$$\gamma\big(\mathfrak{y}(0) \ldots \mathfrak{y}(t-1) \setminus \mathfrak{y}(t)\big) = \hat{\beta}\left(\mathfrak{y}(t) - \sum_{i=0}^{t-1} \mathfrak{y}(i)\right) \tag{70}$$

gilt.

Wäre $\hat{p}$ linear Sh erzeugbar, so müßte es ein $k \geqq 0$, Matrizen $\mathbf{A}_i$ (hier 1×1 Matrizen), $i = 1, \ldots, k$, konstante Vektoren $\boldsymbol{y}(-j)$, $j = 1, \ldots, k$, und eine Funktion φ geben, so daß

$$\gamma\big(\boldsymbol{y}(0) \cdots \boldsymbol{y}(t-1) \setminus \boldsymbol{y}(t)\big) = \varphi\left(\boldsymbol{y}(t) - \sum_{j=0}^{t-1} \boldsymbol{A}_{k-j} \boldsymbol{y}(t-j-1)\right)$$

gilt.

Dann müßte für $t > k + 1$

$$\gamma(\underbrace{10 \cdots 0}_{t} \setminus 0) = \gamma(\underbrace{0 \cdots 0}_{t} \setminus 0) = \varphi(0)$$

im Widerspruch zu (70) gelten, da $\hat{\beta}(0) \neq \hat{\beta}(1)$ ist.

9. Stochastische lineare Automaten

Wie am Ende von Abschn. 4 angedeutet, betrachten wir nun in Anlehnung an [31] „stochastische lineare Automaten". Sei $\mathfrak{L}$ die Klasse der determinierten linearen Automaten über einen endlichen Körper K. Die Input-, Output- und Zustandsmengen $\mathfrak{X}, \mathfrak{Y}, \mathfrak{Z}$ seien dabei l-, m-, n-dimensionale lineare Vektorräume über K. ($l, m, n > 0$). $\mathfrak{L}$ enthält endlich viele Elemente, die wir von 1 bis S numeriert annehmen: $\mathfrak{L} = \{\mathscr{L}_1, \ldots, \mathscr{L}_S\}$. Weiter sei auf $\mathfrak{L}$ eine Wahrscheinlichkeitsverteilung P mit $P(\mathscr{L}_i) \geqq 0$, $i = 1, \ldots, S$, und $\sum_{i=1}^{S} P(\mathscr{L}_i) = 1$ definiert. In jedem Takt sei dann bei vorliegendem Zustand $\boldsymbol{z} \in \mathfrak{Z}$ und anliegendem Input $\boldsymbol{x} \in \mathfrak{X}$ der Output $\boldsymbol{y}$ mit der Wahrscheinlichkeit $P(\mathscr{L}_i)$ durch den Automaten $\mathscr{L}_i$ bestimmt. Das System $[\mathfrak{L}, P]$ bezeichnen wir in Anlehnung an [31] als stochastischen linearen Automaten. Um das Input-Output-Verhalten stochastischer linearer

Automaten explizit aufschreiben zu können, ist es zweckmäßig, den Begriff „stochastischer Matrixoperator“ einzuführen.

Sei $\mathrm{A} = \{\mathbf{A}_1, \ldots, \mathbf{A}_R\}$ die Menge aller voneinander verschiedenen $M \times N$-Matrizen über einem Körper K und P eine Wahrscheinlichkeitsverteilung auf A, mit $P(\mathbf{A}_i) \geqq 0$, $i = 1, \ldots, R$, und $\sum_{i=1}^{R} P(\mathbf{A}_i) = 1$, so nennen wir das durch A und P charakterisierte System einen *stochastischen Matrixoperator* $\mathfrak{A}$. $\mathfrak{A}$ schreiben wir in Form

$$\mathfrak{A} = \begin{pmatrix} \mathbf{A}_1 & \mathbf{A}_2 & . & . & . & \mathbf{A}_R \\ P_1 & P_2 & . & . & . & P_R \end{pmatrix} \tag{71}$$

mit $P_i = P(\mathbf{A}_i)$.

Manchmal führen wir in (71) nur die Matrizen auf, für die $P(\mathbf{A}_i) > 0$ gilt.

Für stochastische Matrixoperatoren kann man zwei Operationen „Addition“ „+“ und „Multiplikation“ „·“ folgendermaßen definieren:

Sind $\mathfrak{A}$ und $\mathfrak{B}$ stochastische Matrixoperatoren, dann sei

$$1.\ \mathfrak{A} \cdot \mathfrak{B} = \begin{pmatrix} \mathbf{A}_1 \cdots \mathbf{A}_R \\ P_1 \cdots P_R \end{pmatrix} \cdot \begin{pmatrix} \mathbf{B}_1 \cdots \mathbf{B}_S \\ Q_1 \cdots Q_S \end{pmatrix}$$

$$= \begin{pmatrix} \mathbf{C}_1 \cdots \mathbf{C}_T \\ R_1 \cdots R_T \end{pmatrix} = \mathfrak{C} \tag{72}$$

mit

$$\mathbf{C}_k = \mathbf{A}_i \cdot \mathbf{B}_j \text{ und } R_k = \sum_{i,j:\, \mathbf{A}_i \cdot \mathbf{B}_j = \mathbf{C}_k} P_i Q_j, \qquad k = 1, \ldots, T.$$

Zu vorgegebenem $\mathbf{C}_k$ wird über alle diejenigen i und j summiert, für die $\mathbf{C}_k = \mathbf{A}_i \cdot \mathbf{B}_j$ erfüllt ist.

$$2.\ \mathfrak{A} + \mathfrak{B} = \begin{pmatrix} \mathbf{A}_1 \cdots \mathbf{A}_R \\ P_1 \cdots P_R \end{pmatrix} + \begin{pmatrix} \mathbf{B}_1 \cdots \mathbf{B}_S \\ Q_1 \cdots Q_S \end{pmatrix}$$

$$= \begin{pmatrix} \mathbf{D}_1 \cdots \mathbf{D}_U \\ S_1 \cdots S_U \end{pmatrix} = \mathfrak{D} \tag{73}$$

mit

$$\mathbf{D}_k = \mathbf{A}_i + \mathbf{B}_j \text{ und } S_k = \sum_{i,j:\mathbf{A}_i+\mathbf{B}_j=\mathbf{C}_k} P_i Q_j.$$

Zu vorgegebenem $\mathbf{D}_k$ wird über alle diejenigen i und j summiert, für die $\mathbf{D}_k = \mathbf{A}_i + \mathbf{B}_j$ erfüllt ist.
Als Beispiel berechnen wir über GF(2)

$$\begin{pmatrix} \begin{pmatrix}00\\00\end{pmatrix} & \begin{pmatrix}10\\10\end{pmatrix} & \begin{pmatrix}01\\10\end{pmatrix} \\ \frac{1}{4} & \frac{1}{2} & \frac{1}{4} \end{pmatrix} \stackrel{+}{\cdot} \begin{pmatrix} \begin{pmatrix}10\\01\end{pmatrix} & \begin{pmatrix}11\\11\end{pmatrix} \\ \frac{1}{3} & \frac{2}{3} \end{pmatrix}$$

Im Falle von + ergibt sich

$$\begin{pmatrix} \begin{pmatrix}10\\01\end{pmatrix} & \begin{pmatrix}00\\11\end{pmatrix} & \begin{pmatrix}11\\11\end{pmatrix} & \begin{pmatrix}01\\01\end{pmatrix} \\ \frac{1}{4} & \frac{1}{6} & \frac{1}{4} & \frac{1}{3} \end{pmatrix}$$

und im Falle von ·

$$\begin{pmatrix} \begin{pmatrix}00\\00\end{pmatrix} & \begin{pmatrix}10\\10\end{pmatrix} & \begin{pmatrix}01\\10\end{pmatrix} & \begin{pmatrix}11\\11\end{pmatrix} \\ \frac{1}{4} & \frac{1}{6} & \frac{1}{12} & \frac{1}{2} \end{pmatrix}.$$

Die Operationen + und · sind natürlich nur dann erklärt, wenn die gewöhnliche Addition bzw. Multiplikation der entsprechenden Matrizen möglich ist.

Eine Verteilung $\mathscr{C}$ über einem linearen l-dimensionalen Vektorraum $\mathfrak{X}$ läßt sich als stochastischer Matrixoperator mit $1 \times l$ Matrizen schreiben. Ein Vektor $\mathfrak{x}$ eines Vektorraumes $\mathfrak{X}$ hat als stochastischer Matrixoperator die Form $\begin{pmatrix}\mathfrak{x}\\1\end{pmatrix}$.

Vermitteln die Matrizen $\mathbf{A}_i$, $i = 1, \ldots, R$, eines stochastischen Matrixoperators eine lineare Abbildung von $\mathfrak{X}$ in $\mathfrak{Y}$, so ist jedem $x \in \mathfrak{X}$ durch

$$\begin{pmatrix} \mathbf{A}_1 \cdots \mathbf{A}_R \\ P_1 \cdots P_R \end{pmatrix} \cdot \begin{pmatrix} x \\ 1 \end{pmatrix} = \begin{pmatrix} y_1 \cdots y_s \\ Q_1 \cdots Q_s \end{pmatrix}_x^{\mathfrak{A}} = P_x^{\mathfrak{A}} \tag{74}$$

eine Verteilung in $\mathfrak{Y}$ zugeordnet. Dabei gilt

$$Q_i = \sum_{j:\mathbf{A}_j x = \mathbf{y}_i} P_j .$$

Dem $\mathbf{0}$-Vektor von $\mathfrak{X}$ ist mit Wahrscheinlichkeit 1 der Nullvektor von $\mathfrak{Y}$ zugeordnet.

So ist z. B. dem Vektor $\begin{pmatrix} 1 \\ 1 \end{pmatrix}$ durch den stochastischen Matrixoperator

$$\begin{pmatrix} \begin{pmatrix} 00 \\ 00 \end{pmatrix} & \begin{pmatrix} 10 \\ 10 \end{pmatrix} & \begin{pmatrix} 01 \\ 10 \end{pmatrix} \\ \frac{1}{4} & \frac{1}{2} & \frac{1}{4} \end{pmatrix}$$

die Verteilung

$$\begin{pmatrix} 0 & 1 \\ 0 & 1 \\ \frac{1}{4} & \frac{3}{4} \end{pmatrix}$$

zugewiesen.

Nach diesen Vorbereitungen können wir nun das Input-Outputverhalten stochastischer linearer Automaten explizit aufschreiben. Dabei setzen wir hier der Einfachheit halber voraus, daß ein stochastischer Automat durch 4 voneinander unabhängige stochastische Matrixoperatoren $\mathfrak{A}$, $\mathfrak{B}$, $\mathfrak{C}$, $\mathfrak{D}$ bestimmt ist.

Anstelle der Gleichungen für determinierte lineare Automaten gilt für einen stochastischen linearen Automaten

$$\begin{aligned} \mathfrak{z}(t+1) &= \mathfrak{A} \cdot \mathfrak{z}(t) + \mathfrak{B} \cdot x(t), \\ \mathfrak{y}(t) &= \mathfrak{C} \cdot \mathfrak{z}(t) + \mathfrak{D} \cdot x(t), \end{aligned} \tag{75}$$

wobei $\mathfrak{x}$ und die Verteilungen $\mathfrak{z}$, $\mathfrak{y}$ als stochastische Matrixoperatoren geschrieben sind. Aus (75) ergibt sich

$$\mathfrak{z}(t) = \mathfrak{A}^t \cdot \mathfrak{z}(0) + \mathfrak{A}^{t-1} \cdot \mathfrak{B} \cdot x(1) + \cdots + \mathfrak{B} \cdot x(t-1) \quad (76)$$

und die allgemeine Response-Formel

$$\mathfrak{y}(t) = \mathfrak{C} \cdot \mathfrak{A}^t \cdot \mathfrak{z}(0) + \mathfrak{C} \cdot \mathfrak{A}^{t-1} \cdot \mathfrak{B} \cdot x(0) + \mathfrak{C} \cdot \mathfrak{A}^{t-2} \cdot \mathfrak{B} \cdot x(1) + \cdots + \mathfrak{C} \cdot \mathfrak{B} \cdot x(t-1) + \mathfrak{D} \cdot x(t) \quad (77)$$

mit

$$\mathfrak{A}^\tau = \underbrace{\mathfrak{A} \cdot \mathfrak{A} \cdot \ldots \cdot \mathfrak{A}}_{\tau}.$$

Der Operator $\mathfrak{C}$ läßt sich nicht ausklammern, da allgemein für stochastische Matrixoperatoren $\mathfrak{A}_1, \mathfrak{A}_2, \mathfrak{A}_3$

$$\mathfrak{A}_1 \cdot (\mathfrak{A}_2 + \mathfrak{A}_3) \neq \mathfrak{A}_1 \cdot \mathfrak{A}_2 + \mathfrak{A}_1 \cdot \mathfrak{A}_3$$

ist.

Gibt man anstelle der Vektoren $x \in \mathfrak{X}$ Verteilungen $\mathfrak{x}$ in einen stochastischen linearen Automaten ein, so ist in der allgemeinen Response-Formel (75) x durch die als stochastischen Matrixoperator geschriebene Verteilung $\mathfrak{x}$ zu ersetzen.

Stochastische lineare Automaten kann man als Modelle unzuverlässiger linearer Automaten auffassen.

Wir fügen nun noch eine theoretische Betrachtung an, die zeigt, daß die Verteilungen $P_x^{\mathfrak{A}}$ in einem linearen Vektorraum $\mathfrak{Y}$ über $K = \mathrm{GF}(p)$ die durch einen stochastischen Matrixoperator $\mathfrak{A}$ für jedes $x \in \mathfrak{X}$ ($\mathfrak{X}$ linearer Vektorraum über $\mathrm{GF}(p)$) bestimmt sind, nicht *linear* sind.

Dazu zeigen wir, daß es allgemein keine Operation, wir nennen sie „$*$", gibt, so daß

$$P_{x+x'}^{\mathfrak{A}} = P_x^{\mathfrak{A}} * P_{x'}^{\mathfrak{A}}$$

gilt. $P_{x+x'}^{\mathfrak{A}}$ ist aus $P_x^{\mathfrak{A}}$ und $P_{x'}^{\mathfrak{A}}$ nicht berechenbar. (Im Widerspruch dazu wird in [31] die Operation „$\oplus$" als eine solche Operation angesehen.)

Gäbe es eine Operation $*$, so müßte

$$\begin{pmatrix} y_1 y_2 \cdots y_R \\ P_1 P_2 \cdots P_R \end{pmatrix}_x^{\mathfrak{A}} * \begin{pmatrix} y_1 y_2 \cdots y_R \\ Q_1 Q_2 \cdots Q_R \end{pmatrix}_x^{\mathfrak{A}}$$

$$= \begin{pmatrix} y_1 & y_2 & \cdots & y_R \\ \mathrm{F}_1(P_1 \cdots P_R; Q_1 \cdots Q_R) & \mathrm{F}_2(P_1 \cdots P_R; Q_1 \cdots Q_R) & \cdots & \mathrm{F}_R(P_1 \cdots P_R; Q_1 \cdots Q_R) \end{pmatrix}_{x+x'}^{\mathfrak{A}}$$

gelten. Die F_i wären dabei R, noch unbestimmte $2R$-stellige Funktionen mit Werten in $\langle 0, 1 \rangle$.

Sei zunächst $GF(p) \neq GF(2)$, $\mathfrak{A}$ habe die Form

$$\mathfrak{A} = \left\{ \begin{pmatrix} \overbrace{00\cdots 0}^{m} \\ 00\cdots 0 \\ \vdots \quad \vdots \\ 00\cdots 0 \end{pmatrix}_n \begin{pmatrix} 10\cdots 0 \\ 00\cdots 0 \\ \vdots \quad \vdots \\ 00\cdots 0 \end{pmatrix} \begin{pmatrix} 20\cdots 0 \\ 00\cdots 0 \\ \vdots \quad \vdots \\ 00\cdots 0 \end{pmatrix} \cdots \begin{pmatrix} (p-1)\, 0\cdots 0 \\ 0 \quad 0\cdots 0 \\ \vdots \quad \vdots \\ 0 \quad 0\cdots 0 \end{pmatrix} \right\}$$
$$\qquad \frac{1}{p} \qquad\qquad \frac{1}{p} \qquad\qquad \frac{1}{p} \qquad\qquad\qquad \frac{1}{p}$$

Den Vektoren

$$\begin{pmatrix} 1 \\ 0 \\ \vdots \\ 0 \end{pmatrix}, \begin{pmatrix} 2 \\ 0 \\ \vdots \\ 0 \end{pmatrix}, \cdots, \begin{pmatrix} p-1 \\ 0 \\ \vdots \\ 0 \end{pmatrix}$$

ist dann jeweils die Verteilung

$$\left(\begin{pmatrix}0\\0\\\vdots\\0\end{pmatrix}\begin{pmatrix}1\\0\\\vdots\\0\end{pmatrix}\begin{pmatrix}2\\0\\\vdots\\0\end{pmatrix}\cdots\begin{pmatrix}(p-1)\\0\\\vdots\\0\end{pmatrix}\right.\atop\left.\frac{1}{p}\quad\frac{1}{p}\quad\frac{1}{p}\qquad\frac{1}{p}\right)$$

und dem Nullvektor die Verteilung

$$\left(\begin{pmatrix}0\\\vdots\\0\end{pmatrix}\atop 1\right)$$

zugeordnet. Alle nicht aufgeführten Vektoren und Matrizen sollen mit der Wahrscheinlichkeit 0 auftreten.

Aus

$$\begin{pmatrix}1\\0\\\vdots\\0\end{pmatrix}+\begin{pmatrix}p-1\\0\\\vdots\\0\end{pmatrix}=\begin{pmatrix}0\\0\\\vdots\\0\end{pmatrix} \text{ und}$$

$$\begin{pmatrix}1\\0\\\vdots\\0\end{pmatrix}+\begin{pmatrix}1\\0\\\vdots\\0\end{pmatrix}=\begin{pmatrix}2\\0\\\vdots\\0\end{pmatrix}$$

ergeben sich an F_1 die Forderungen

$$\mathrm{F}_1\left(\frac{1}{p}\cdots\frac{1}{p};\frac{1}{p}\cdots\frac{1}{p}\right)=1^{1)},$$

$$\mathrm{F}_1\left(\frac{1}{p}\cdots\frac{1}{p};\frac{1}{p}\cdots\frac{1}{p}\right)=\frac{1}{p},$$

---

[1]) Die Werte der nicht explizit angeführten Variablen von F_1 sind sämtlich 0.

die nicht gleichzeitig erfüllbar sind. Damit ist eine Operation $*$ nicht möglich.

Für GF(2) kann man für $m, n \geqq 2$ von dem stochastischen Matrixoperator

$$\mathfrak{A} = \begin{pmatrix} \begin{pmatrix} 00\cdots 0 \\ 00\cdots 0 \\ \vdots \quad \vdots \\ 00\cdots 0 \end{pmatrix} & \begin{pmatrix} 10\cdots 0 \\ 01\cdots 0 \\ \vdots \quad \vdots \\ 00\cdots 0 \end{pmatrix} & \begin{pmatrix} 01\cdots 0 \\ 10\cdots 0 \\ \vdots \quad \vdots \\ 00\cdots 0 \end{pmatrix} \\ \frac{1}{3} & \frac{1}{3} & \frac{1}{3} \end{pmatrix}$$

ausgehen, der den Vektoren

$$\begin{pmatrix} 1 \\ 0 \\ 0 \\ \vdots \\ 0 \end{pmatrix} \begin{pmatrix} 0 \\ 1 \\ 0 \\ \vdots \\ 0 \end{pmatrix}$$

jeweils die Verteilung

$$\begin{bmatrix} \begin{pmatrix} 0 \\ 0 \\ 0 \\ \vdots \\ 0 \end{pmatrix} & \begin{pmatrix} 1 \\ 0 \\ 0 \\ \vdots \\ 0 \end{pmatrix} & \begin{pmatrix} 0 \\ 1 \\ 0 \\ \vdots \\ 0 \end{pmatrix} \\ \frac{1}{3} & \frac{1}{3} & \frac{1}{3} \end{bmatrix}$$

zugeordnet und den Vektoren

$$\begin{pmatrix} 0 \\ 0 \\ 0 \\ \vdots \\ 0 \end{pmatrix}, \begin{pmatrix} 1 \\ 1 \\ 0 \\ \vdots \\ 0 \end{pmatrix}$$

die Verteilungen

$$\left(\begin{pmatrix}0\\0\\0\\\vdots\\0\end{pmatrix}\atop 1\right) \text{ und } \left[\begin{pmatrix}0\\0\\0\\\vdots\\0\end{pmatrix}\begin{pmatrix}1\\1\\0\\\vdots\\0\end{pmatrix}\atop \frac{1}{3}\quad\frac{2}{3}\right].$$

$$\text{Aus } \begin{pmatrix}1\\0\\\vdots\\0\end{pmatrix}+\begin{pmatrix}1\\0\\\vdots\\0\end{pmatrix}=\begin{pmatrix}0\\0\\\vdots\\0\end{pmatrix}$$

$$\text{und } \begin{pmatrix}1\\0\\0\\\vdots\\0\end{pmatrix}+\begin{pmatrix}0\\1\\0\\\vdots\\0\end{pmatrix}=\begin{pmatrix}1\\1\\0\\\vdots\\0\end{pmatrix}$$

folgen dann für F_1 die widersprüchlichen Forderungen. Für $n = m = 1$ und GF(2) läßt sich kein Widerspruch konstruieren. Wir haben damit gezeigt, daß die Verteilungen $P_x^{\mathfrak{A}}$ in einem linearen Vektorraum $\mathfrak{Y}$, über $GF(p)$, die durch einen linearen stochastischen Matrixoperator $\mathfrak{A}$ jedem $\boldsymbol{x} \in \mathfrak{X}$, ($\mathfrak{X}$ linearer Vektorraum über GF(p)) im allgemeinen nicht linear sind.

Auf die Problematik linearer Verteilungsautomaten gehen wir nicht ein.

10. Verarbeitung von Nicht-Bernoulli-Folgen in abstrakten Automaten

In diesem Abschnitt untersuchen wir das Problem der Verarbeitung von verschiedenen Klassen von Zufallsfolgen, die nicht BERNOULLI-Folgen sind, in verschiedenen Klassen von abstrakten Automaten [27]. Dieses Problem läßt sich, wie wir zeigen werden, auf das Problem der Verarbeitung geeigneter BERNOULLI-Folgen in anderen Automatenklassen zurückführen.

Wie in Abschn. 7 führen wir zunächst einen geeigneten Erzeugbarkeitsbegriff ein, der den Begriff BERNOULLI-Erzeugbarkeit mit einschließt.

Ist $\mathfrak{F}$ eine Klasse von Zufallsfolgen und $\mathfrak{A}$ eine Klasse von abstrakten Automaten, dann soll eine Zufallsfolge $\hat{\gamma}$ $\mathfrak{F}$-erzeugbar in $\mathfrak{A}$ heißen, wenn es eine Zufallsfolge $\hat{\varphi} \in \mathfrak{F}$ und einen Automaten $\mathscr{A} \in \mathfrak{A}$ gibt, so daß $\hat{\gamma} = \mathscr{A}(\hat{\varphi})$ gilt.

Für Klassen $\mathfrak{F}$ von Zufallsfolgen, die bezüglich ihrer BERNOULLI-Erzeugbarkeit charakterisiert sind, läßt sich die $\mathfrak{F}$-Erzeugbarkeit in einer Automatenklasse $\mathfrak{A}$ folgendermaßen zurückführen auf die BERNOULLI-Erzeugbarkeit in einer anderen Automatenklasse $\mathfrak{A}'$. Ist $\hat{\gamma}$ $\mathfrak{F}$-erzeugbar in $\mathfrak{A}$, so gibt es eine Zufallsfolge $\hat{\varphi} \in \mathfrak{F}$ und einen Automaten $\mathscr{A} \in \mathfrak{A}$, so daß $\hat{\gamma} = \mathscr{A}(\hat{\varphi})$ ist. Ist nun $\mathfrak{F}$ charakterisierbar als die Klasse der in einer Automatenklasse $\mathfrak{A}''$ BERNOULLI-erzeugbaren Zufallsfolgen, so gibt es eine BERNOULLI-Folge $\hat{\beta}$ und einen Automaten $\mathscr{A}'' \in \mathfrak{A}''$ mit $\hat{\varphi} = \mathscr{A}''(\hat{\beta})$.

Damit gilt für den Automaten $\mathscr{A}'$, der durch Hintereinanderschaltung von $\mathscr{A}''$ und $\mathscr{A}$ entsteht, die Beziehung $\hat{\gamma} = \mathscr{A}'(\hat{\beta})$. Damit ist $\hat{\gamma}$ BERNOULLI-erzeugbar in der Klasse $\mathfrak{A}'$ aller Hintereinanderschaltungen von einem Automaten aus $\mathfrak{A}''$ und einem Automaten aus $\mathfrak{A}$ (s. Abb. 1). Entsprechend folgt aus der BERNOULLI-

Erzeugbarkeit in $\mathfrak{A}'$ die F-Erzeugbarkeit in $\mathfrak{A}$. (vgl. Abb. 27).

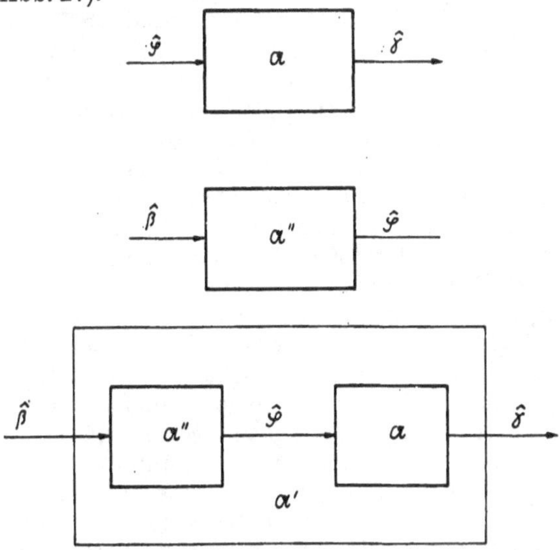

Abb. 27

Mit diesen Überlegungen erhält man aus den Ergebnissen von Abschn. 7 und 8 unmittelbar die in Tabelle 4 dargestellten Resultate.[1])

Tabelle 4

	Stoch. Aut.	Determ. Aut.	Endl. stoch. Aut.	Endl. det. Aut.	Sh-Automat
Zf	Zf	Zf	Zf	Zf	Zf
Det	Zf	Det	Det	Det	Det
HM	Zf	Det	HM	HM	HM
M	Zf	Det	HM	HM	HM
B	Zf	Det	HM	HM	M

[1]) Zf: Stochastisch BERNOULLI-erzeugbare Zufallsfolge, Det: determiniert BERNOULLI-erzeugbare Zufallsfolge, HM: Homomorphismus einer MARKOV-Folge erster Ordnung, M: MARKOV-Folge endlicher Ordnung, B: BERNOULLI-Folge.

Dabei bedeutet z. B. die Notierung in der 5. Spalte und der 4. Zeile, daß die Klasse der in Sh-Automaten durch MARKOV-Folgen (endlicher Ordnung) erzeugbare Klasse von Zufallsfolgen identisch ist mit der Klasse HM der Homomorphismen von MARKOV-Folgen 1. Ordnung; diese Klasse HM ist z. B. auch gleich der Klasse der in endlichen Automaten BERNOULLI-erzeugbaren Zufallsfolgen (3. und 4. Spalte, 5. Zeile). Für dieses Beispiel ist oben angegebene Beweisidee folgendermaßen zu konkretisieren. $\mathfrak{F}$ ist die Klasse $\mathfrak{M}$ der MARKOV-Folgen endlicher Ordnung, $\mathfrak{A}$ die Klasse $\mathfrak{S}$ der Sh-Automaten.

Ist nun $\hat{\gamma}$ $\mathfrak{M}$-erzeugbar in $\mathfrak{S}$, so gibt es einen Sh-Automaten $\mathscr{A}_\gamma \in \mathfrak{S}$ und eine MARKOV-Folge $\hat{\varphi} \in \mathfrak{M}$, so daß $\hat{\gamma} = \mathscr{A}_\gamma(\hat{\varphi})$ gilt. $\mathfrak{M}$ ist charakterisiert als die Klasse der in Sh-Automaten BERNOULLI-erzeugbaren Zufallsfolgen; damit gibt es eine BERNOULLI-Folge $\hat{\beta}_\varphi$ und einen Sh-Automaten $\mathscr{A}''_\varphi$ mit $\hat{\varphi} = \mathscr{A}''_\varphi(\hat{\beta}_\varphi)$. Somit gilt $\hat{\gamma} = \mathscr{A}_\gamma\big(\mathscr{A}''_\varphi(\hat{\beta}_\varphi)\big)$. Also gibt es einen endlichen Automaten $\mathscr{A}_\gamma'$ (die Hintereinanderschaltung von $\mathscr{A}''_\varphi$ und $\mathscr{A}_\gamma$), so daß $\hat{\gamma} = \mathscr{A}_\gamma'(\hat{\beta}_\varphi)$ gilt. Damit ist $\hat{\gamma}$ BERNOULLI-erzeugbar in der Klasse der endlichen Automaten. $\hat{\gamma}$ ist damit ein Homomorphismus einer MARKOV-Folge 1. Ordnung, $\hat{\gamma} \in$ HM. Ist $\hat{\gamma}$ in Y Homomorphismus einer MARKOV-Folge $\hat{\varphi}$ in X, so gibt es eine den Homomorphismus realisierende kombinatorische Schaltung $\mathscr{L}$, so daß $\hat{\gamma} = \mathscr{L}(\hat{\varphi})$. Da die Klasse der kombinatorischen Schaltung identisch ist mit der Klasse $\mathfrak{S}_0$ der Sh-Automaten 0-ter Ordnung, ist $\hat{\gamma}$ $\mathfrak{M}$-erzeugbar in $\mathfrak{S}$.

Wir wollen nun diejenigen Sh-Automaten (und linearen Sh-Automaten) charakterisieren, die jede MARKOV-Folge / bzw. lineare MARKOV-Folge / endlicher Ordnung in eine MARKOV-Folge / bzw. lineare MARKOV-Folge / endlicher, im allgemeinen höherer Ordnung transformieren. Solche Sh-Automaten nennen wir MARKOV-erhaltende.

Wir betrachten die Verarbeitung einer MARKOV-Folge m-ter Ordnung $\hat{\gamma}_m$ in X in einem Sh-Automaten k-ter Ordnung $\mathscr{S}_k \in \mathfrak{S}_k$. Es sei $\hat{\varphi} = \mathscr{S}_k(\hat{\gamma}_m)$. Da $\hat{\gamma}_m$ MARKOV-Folge m-ter Ordnung ist, gibt es einen Sh-Automaten

m-ter Ordnung $\mathscr{S}_m \in \mathfrak{S}_m$ und eine BERNOULLI-Folge $\hat{\beta}$ in X', so daß $\hat{\gamma}_m = \mathscr{S}_m(\hat{\beta})$ gilt. Die Verarbeitung von $\hat{\gamma}_m$ in $\mathscr{S}_k$ ist gleichwertig der Verarbeitung von $\hat{\beta}$ in der Reihenschaltung $\mathscr{S}_{m,k}$ von $\mathscr{S}_m$ und $\mathscr{S}_k$.

$$\hat{\varphi} = \mathscr{S}_k(\hat{\gamma}_m) = \mathscr{S}_k(\mathscr{S}_m(\hat{\beta})) = \mathscr{S}_{m,k}(\hat{\beta}). \tag{78}$$

$\mathscr{S}_{m,k}$ ist wie gesagt die Reihenschaltung zweier Sh-Automaten, die in Abb. 28 dargestellt ist. Das Inputalphabet von $\mathscr{S}_k$ ist X, das Outputalphabet Y; das Inputalphabet von $\mathscr{S}_m$ ist X', das Outputalphabet X.

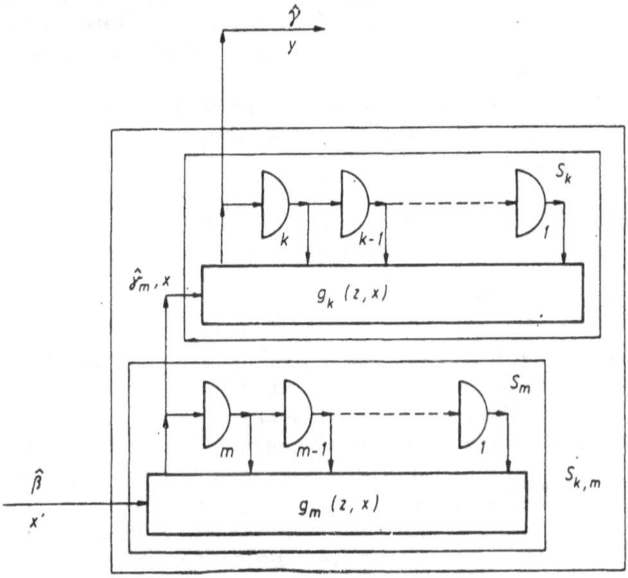

Abb. 28

Durch den Output $y(t-1), \ldots, y(t-k)$ von $\mathscr{S}_k$ in den letzten k-Takten ist der Zustand $z_k(t)$ von $\mathscr{S}_k$ zu $z_k(t) = y(t-1) \cdots y(t-k)$ festgelegt. Ebenso ist durch den Output $x(t-1), \ldots, x(t-m)$ von $\mathscr{S}_m$, der der Input von $\mathscr{S}_k$ ist, in den letzten m Takten der Zustand $z_m(t)$ von $\mathscr{S}_m$

bestimmt. Ist nun die Funktion $g_k(\mathrm{z}, \mathrm{x})$ von $\mathscr{S}_k$ für alle z_k, die von Initialzustand von $\mathscr{S}_k$ erreichbar sind, eindeutig umkehrbar bezüglich der zweiten Variablen, so läßt sich $\mathrm{x}(t-j)$ als

$$\begin{aligned} \mathrm{x}(t-j) &= g_k^{-1}\big(\mathrm{z}(t-j), \mathrm{y}(t-j)\big) \\ &= g_k^{-1}\big(\mathrm{y}(t-j-1) \cdots \mathrm{y}(t-j-k), \mathrm{y}(t-j)\big) \end{aligned} \tag{79}$$

berechnen. Durchläuft j die Werte $1, \ldots, m$, so sind aus $\mathrm{y}(t-1), \ldots, \mathrm{y}(t-m-k)$ nach (79) $\mathrm{x}(t-1), \ldots, \mathrm{x}(t-m)$ und damit $\mathrm{z}_k(t)$ und $\mathrm{z}_m(t)$ und damit auch der Gesamtzustand von $\mathscr{S}_{km}$ bestimmt. Zu einem früheren Zeitpunkt $t-m-k-i$, $i>0$, von $\mathscr{S}_{km}$ ausgegebene Outputsymbol $\mathrm{y}(t-m-k-i)$ haben auf den Zustand von $\mathscr{S}_{km}$ keinen Einfluß.

Für die Übergangswahrscheinlichkeiten $\varphi(\mathrm{q}\mathrm{y}(t-k-m) \cdots \mathrm{y}(t-1)\diagdown\mathrm{y}(t)\big)$ bei Eingabe der BERNOULLI-Folge $\hat{\beta}(\mathrm{x})$ in $\mathscr{S}_{km}$ ergibt sich

$$\gamma\big(\mathrm{q}\mathrm{y}(t-m-k) \cdots \mathrm{y}(t-1)\diagdown\mathrm{y}(t)\big) = \sum_{\mathrm{x}': g_k(\mathrm{y}(t-1)\cdots\mathrm{y}(t-k), g_m(x(t-1)\mathrm{x}(t-m), \mathrm{x}')) = \mathrm{y}(t)} \hat{\beta}(\mathrm{x}') \tag{80}$$

für alle $\mathrm{q} \in \mathrm{F}(\mathrm{Y})$ für die $\hat{\varphi}(\mathrm{q}\mathrm{y}(t-m-k) \cdots \mathrm{y}(t-1)\big) > 0$ ist. $\mathrm{x}(t-j)$, $j = 1, \ldots, m$, ist nach (79) bestimmt. Damit wird von $\mathscr{S}_{km}$ bei Eingabe von β eine MARKOV-Folge $k+m$-ter Ordnung ausgegeben.

$\mathscr{S}_k$ ist MARKOV-erhaltend, wenn die Funktion $g_k(\mathrm{z}, \mathrm{x})$ bezüglich der zweiten Variablen eindeutig umkehrbar ist.

Für den in der Technik wichtigen Fall von Schieberegistern k-ter Ordnung über GF(2) mit eindimensionalen Input X und eindimensionalen Output Y läßt sich die Funktion g als $(k+1)$-stellige BOOLEsche Funktion

$$g(\mathrm{y}_1, \ldots, \mathrm{y}_k, \mathrm{x}), \quad \mathrm{y}_1, \ldots, \mathrm{y}_k, \mathrm{x} \in \mathrm{GF}(2),$$

auffassen und in der Form

$$\begin{aligned} g(\mathrm{y}_1, \ldots, \mathrm{y}_k, \mathrm{x}) = \mathrm{x} \cdot (g(\mathrm{y}_1, \ldots, \mathrm{y}_k, 0) + g(\mathrm{y}_1, \ldots, \mathrm{y}_k, 1)\} \\ + g(\mathrm{y}_1, \ldots, \mathrm{y}_k, 0) \end{aligned}$$

darstellen. Dabei ist wieder mit „+" die Antivalenz (Addition modulo 2) und mit „·" die Konjunktion (Multiplikation) bezeichnet. Da g eindeutig nach der letzten Variablen umkehrbar ist genau dann, wenn

$$g(y_1, \ldots, y_k, 0) \neq g(y_1, \ldots, y_k, 1) \tag{81}$$

für alle $y_1, y_2, \ldots, y_k \in GF(2)$ gilt, ergibt sich als Spezialfall: *Ein k-dimensionales Schieberegister über* GF(2) *mit eindimensionalem In- und Output ist* MARKOV-*erhaltend, wenn für jeden (von* z_0 *aus) erreichbaren Zustand* $y_1 \cdots y_k \in Z$

$$g(y_1, \ldots, y_k, x) = x + g(y_1, \ldots, y_k, 0) \tag{82}$$

gilt.

Wir geben nun eine notwendige und hinreichende Bedingung dafür an, wann ein Sh-Automat MARKOV-erhaltend ist. Es sei $\mathscr{A} = [X, Y, Z, z_0, f, g]$ in Sh-Automat endlicher Ordnung.

Die (vom Initialzustand z_0 aus erreichbaren) Zustände von $\mathscr{A}$ teilen wir nach dem Grad ihrer Umkehrbarkeit in drei Klassen ein. Es seien:

1. $Z_u = \{z/\text{für jedes } x, x^* \in X \text{ mit } x \neq x^* \text{ ist } g(z, x) \neq g(z, x^*)\}$.

die Klasse der (bezüglich der 2-ten Variable von g) *umkehrbaren* Zustände

2. $Z_{id} = \{z/\text{für jedes } p, p' \in F(X) \text{ mit } |p| = |p'| \text{ ist } g(z, p) = g(z, p')\}$

die Klasse der *identifizierenden* Zustände.

3. $Z_{pi} = Z \setminus (Z_u \cup Z_{id})$

die restlichen Zustände von $\mathscr{A}$.

Die Zustände Z_{pi} nennen wir *partiell identifizierend.* Ein Zustand z gehört genau dann zu Z_{pi}, wenn er die Bedingungen A, B erfüllt [26].

A) Es gibt Buchstaben $x, x' \in X, x \neq x'$ und $g(z, x) = g(z, x')$.

B) Es gibt Wörter $p, p' \in F(X)$ mit $|p| = |p'|$ und $g(z, p) \neq g(z, p')$.

Wir können nun formulieren:

Ist $\mathscr{A} = [X, Y, Z, z_0, f, g]$ *ein* Sh-*Automat. Dann ist* $\mathscr{A}$ MARKOV-*erhaltend genau dann, wenn für jeden partiell-identifizierenden Zustand* $z \in Z_{pi}$ *und für alle* $x \in X$, *für die es ein* $x' \in X$, $x \neq x'$ *mit* $g(z, x) = g(z, x')$ *gibt, der Zustand* z *vom Zustand* $f(z, x)$ *aus nicht erreichbar ist.*

Der Beweis ist in [26] angegeben. Für den Fall $Z_{pi} = \emptyset$ und $Z_{id} = \emptyset$ erhält man daraus sofort den schon bewiesenen Satz, daß ein Sh-Automat mit umkehrbaren g MARKOV-erhaltend ist.

Wir wenden uns nun linearen Sh-Automaten (s. Abschn. 8, (60)) zu.

Besitzt die Matrix $\mathbf{B}_k$ eines linearen Sh-Automaten $\mathscr{L}_{S_k}$ eine Inverse $\mathbf{B}_k^{-1}$, so gilt wegen (64)

$$\boldsymbol{x}(t) = \mathbf{B}_k^{-1}\boldsymbol{y}(t) - \sum_{j=0}^{k-1}\mathbf{B}_k^{-1}\mathbf{A}_{k-j}\boldsymbol{y}(t-j-1),$$

und alle Zustände $\boldsymbol{z} \in \mathfrak{Y}^k$ sind umkehrbar.

Ist $\mathbf{B}_k = 0$, so sind alle Zustände identifizierend. Da es in diesem Fall keine partiell identifizierenden Zustände gibt, gilt:

Ein linearer Sh-*Automat ist genau dann* MARKOV-*erhaltend, wenn* $\mathbf{B}_k$ *entweder eine Inverse* $\mathbf{B}_k^{-1}$ *besitzt oder die Nullmatrix ist.*

Für die Verarbeitung linearer MARKOV-Folgen in linearen Sh-Automaten kann man zeigen:

Ein linearer Sh-*Automat* $\mathscr{L}_{S_k}$ *k-ter Ordnung,* $k \geqq 1$, *transformiert genau dann jede lineare* MARKOV-*Folge* $\mathfrak{a}_l$ *l-ter Ordnung in eine lineare* MARKOV-*Folge* $\mathfrak{p}$ $(m+k)$*-ter Ordnung, wenn die Matrix* $\mathbf{B}_k$ *von* $\mathscr{L}_{S_k}$ *eine Inverse* $\mathbf{B}_k^{-1}$ *besitzt (oder* $\mathbf{B}_k = 0$ *ist).*

Da $\mathfrak{a}_l$ lineare MARKOV-Folge l-ter Ordnung ist, gibt es einen linearen Sh-Automat $\mathscr{L}^{\alpha}_{S_l}$ l-ter Ordnung mit dem Inputalphabet X′ und dem Outputalphabet X und eine

BERNOULLI-Folge $\hat{\beta}$ in X', so daß $\hat{\alpha}_l = \mathscr{L}^{\alpha}_{S_l}(\hat{\beta})$ ist. O. B. a. A. können wir $\mathbf{B}_l = \mathbf{I}$ voraussetzen (vgl. Abschn. 8). Für $\mathscr{L}^{\alpha}_{S_l}$ nimmt (64) die Form

$$\boldsymbol{x}'(t) = \boldsymbol{x}(t) - \sum_{i=0}^{l-1} \mathbf{A}^{\alpha}_{l-i}\boldsymbol{x}(t-i-1) \tag{83}$$

an, wenn wir die die Rückkopplung beschreibenden Matrizen von $\mathscr{L}^{\alpha}_{S_l}$ mit α markieren.

Für $\mathscr{L}_{S_k}$ gilt

$$\boldsymbol{x}(t) = \mathbf{B}_k^{-1}\boldsymbol{y}(t) - \sum_{j=0}^{k-1} \mathbf{B}_k^{-1}\mathbf{A}_{k-j}\boldsymbol{y}(t-j-1). \tag{84}$$

Für die Reihenschaltung von $\mathscr{L}^{\alpha}_{S_l}$ und $\mathscr{L}_{S_k}$ gilt damit

$$\boldsymbol{x}'(t) = \mathbf{B}_k^{-1}\left\{\boldsymbol{y}(t) - \sum_{j=0}^{K-1} \mathbf{C}_{k-j}\boldsymbol{y}(t-j-1)\right\} \tag{85}$$

mit

$$\mathbf{C}_{k-j} = \mathbf{A}_{k-j} + \mathbf{B}_k\mathbf{A}^{\alpha}_{l-j}\mathbf{B}_k^{-1} - \sum_{\substack{0\leq\lambda\leq l\\ 0\leq\varkappa\leq k\\ \varkappa+\lambda+1=j}} \mathbf{B}_k\mathbf{A}^{\alpha}_{l-\lambda}\mathbf{B}_k^{-1}\mathbf{A}_{k-\varkappa}.$$

(85) ist aber gerade die Input-Output-Formel eines linearen Sh-Automaten ($K = l + k$)-ter Ordnung, der bei Eingabe einer BERNOULLI-Folge eine lineare MARKOV-Folge K-ter Ordnung ausgibt. Die andere Richtung des Beweises ist in [26] gegeben.

Lineare Sh-Automaten über GF(p) mit eindimensionalem Input besitzen stets eine Inverse (1×1) Matrix $\mathbf{B}_k^{-1}$. Diese Automaten und insbesondere lineare Schieberegister über GF(2) sind deshalb stets MARKOV-erhaltend. (Man überzeugt sich auch sofort durch Multiplikation der Übertragungsfunktionen zweier linearer Schieberegister davon, daß ihre Hintereinanderschaltung einem linearen Schieberegister äquivalent ist.)

Es war ein wesentliches Anliegen der Abschnitte 7, 8, 10, Klassen von abstrakten Automaten strukturell zu charakterisieren, die ein vorgegebenes Transformationsverhalten bezüglich Klassen von Zufallsfolgen aufweisen.

11. Rückkopplung stochastischer Automaten

Zu den grundlegenden Bauprinzipien kybernetischer Systeme gehört das *Rückkopplungsprinzip*. Bei der Untersuchung rückgekoppelter Automaten gehen wir von dem in Abb. 29 dargestellten Systemaufbau aus. Ein (stochastischer oder auch determinierter) Automat $\mathcal{A}$ ist über einen (stochastischen oder auch determinierten) Automaten $\mathcal{U}$ rückgekoppelt. Der Output von $\mathcal{A}$ ist Input von $\mathcal{U}$. Der Output von $\mathcal{U}$ und der äußere Input des Gesamtsystems sind Input von $\mathcal{A}$. Mindestens einer der Automaten $\mathcal{A}$ oder $\mathcal{U}$ soll dabei stochastisch sein.

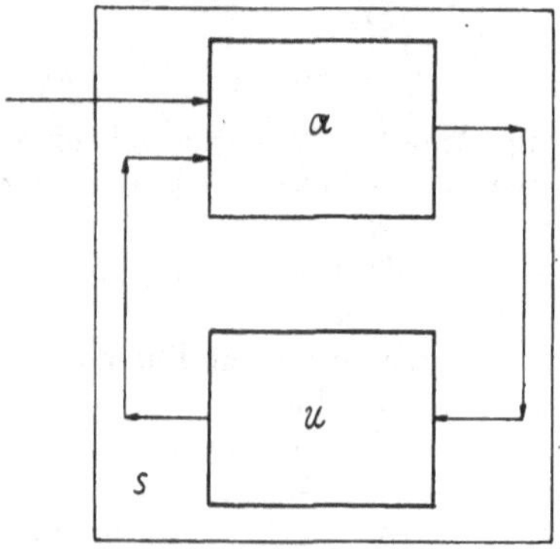

Abb, 29

Prinzipiell ließe sich das aus $\mathcal{A}$ und $\mathcal{U}$ bestehende System als ein einziger Automat $\mathcal{S}$ auffassen. Die in Abb. 29 dargestellte Strukturierung von $\mathcal{S}$ aus den Teilsystemen $\mathcal{A}$ und $\mathcal{U}$ ermöglicht aber gerade die Untersuchung von Rückkopplungsproblemen. Wir stellen uns auf den Standpunkt, daß eine solche Strukturierung vorgegeben sei.

Zunächst wenden wir uns dem Problem des „zweckmäßigen“ Verhaltens von Automaten in einer stochastischen Umgebung“ nach [32] zu und gehen von dem in Abb. 30 dargestellten Schema aus.

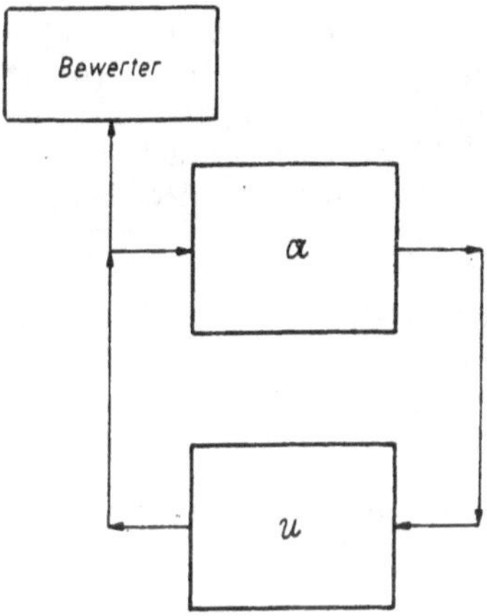

Abb. 30

Dabei ist $\mathscr{A} = [X, Y, Z, P_f, P_g]$ ein endlicher stochastischer (ev. determinierter stochastischer) MOORE-Automat mit

$$X = \{x_1, \ldots, x_l\},\ Y = \{y_1, \ldots, y_m\},\ Z = \{z_1, \ldots, z_n\}.$$

$\mathscr{U}$ ist ein kombinatorischer stochastischer Automat mit dem Inputalphabet Y, dem Outputalphabet X und einem einzigen Zustand. $\mathscr{U}$ bezeichnen wir auch als stochastische Umgebung von $\mathscr{A}$. Jedem Outputsymbol y_i, $i = 1, \ldots, m$, ist durch $\mathscr{U}$ eine Verteilung im Inputalphabet X von $\mathscr{A}$ zugeordnet.

Mit $p(x_k/y_i)$, $k = 1, \ldots, l$; $i = 1, \ldots, m$, bezeichnen wir die Wahrscheinlichkeit dafür, daß $\mathscr{U}$ bei Eingabe von y_i das Symbol x_k als neuen Input von $\mathscr{A}$ ausgibt.

Die Übergangswahrscheinlichkeit $Q(z_i/z_j) = Q_{ji}$ des Zustandes z_j in den Zustand z_i; $z_i, z_j \in Z$ ist durch

$$Q(z_i/z_j) = \sum_{\substack{x_k \in X \\ y_h \in Y}} P_g(y_h/z_j) p(x_k/y_h) \cdot P_f(z_i/z_j x_k) \tag{86}$$

bestimmt. Die Matrix $\mathbf{Q} = (Q_{ji})$ ist stochastisch. Sie ist die Übergangsmatrix einer durch $\mathscr{A}$ und $\mathscr{U}$ festgelegten MARKOV-Folge erster Ordnung in Z. Der Input von $\mathscr{A}$ wird bewertet. Jedem Inputsymbol $x \in X$ sei durch ein Funktional F eine reelle Zahl $F(x)$ zugeordnet. Da die Symbole $x \in X$ stochastisch angeboten werden, liegt es nahe,

$$\frac{1}{T} \sum_{t=1}^{T} F(x(t)) = E_T \mathscr{A}(F) \tag{87}$$

für große T, d. h. mathematisch für $T \to \infty$, als Bewertung des Inputs zu wählen.

Sind die $x_i \in X$ stationär, mit den Wahrscheinlichkeiten $\hat{P}_{\mathscr{A}}(x_i)$, so können wir anstelle von (87) den Erwartungswert

$$\sum_{x_i \in X} \hat{P}_{\mathscr{A}}(x_i) \cdot F(x_i) = E\mathscr{A}(F) \tag{88}$$

setzen.

$E\mathscr{A}(F)$ ist somit durch die Struktur von $\mathscr{A}$, durch die Umgebung $\mathscr{A}$ und durch das Funktional F bestimmt.

Den Automaten $\mathscr{A}$ vergleichen wir nun mit einem Automaten $\mathscr{G} = [X, Y, Z', P']$ mit einem Zustand $z, Z' = \{z\}$, der unabhängig vom anliegenden Input $x \in X$ die Symbole $y_1, \ldots, y_m$ jeweils mit der Wahrscheinlichkeit $\frac{1}{m}$ ausgibt. Es gilt also $P(z, y_j/z, x_k) = \frac{1}{m}$ für $j = 1, \ldots, m$; $k = 1, \ldots, l$. $\mathscr{G}$ wirkt völlig stochastisch, gleichverteilt, auf die Umgebung $\mathscr{U}$ ein, unabhängig von dem von $\mathscr{U}$ im vorangegangenem Takt ausgegebenen Symbol $x \in X$, dem Input von $\mathscr{U}$ im vorangegangenem Takt.

Für $\mathscr{G}$ ergibt sich

$$E^{\mathscr{G}}(F) = \frac{1}{m} \sum_{\substack{y \in Y \\ x \in X}} p(x/y) \cdot F(x). \tag{89}$$

Ist nun die Differenz $E^{\mathscr{A}}(F) - E^{\mathscr{G}}(F) > 0$[1]), so nennen wir den Automaten $\mathscr{A}$ *zweckmäßig* bezüglich der Umgebung $\mathscr{U}$ mit dem Funktional F. Zu jedem vorgegebenem F und $\mathscr{U}$ läßt sich für den Fall, daß es zwei Outputsymbole $y', y'' \in Y$, $y' \neq y''$ gibt, für die

$$\sum_{x \in X} p(x/y') \cdot F(x) > \sum_{x \in X} p(x/y'') \cdot F(x) \tag{90}$$

gilt, ohne Schwierigkeit ein zweckmäßiger Automat $\mathscr{A}$ in trivialer Weise angeben. Es gibt stets ein $y^* \in Y$, so daß für alle $y \in Y$

$$\sum_{x \in X} p(x/y^*) . F(x) \geqq \sum_{x \in X} p(x/y) \cdot F(x) \tag{91}$$

gilt.

Gibt nun $\mathscr{A}$ autonom in jeden Takt y^* aus, so ist wegen (90)

$$E^{\mathscr{A}}(F) = \sum_{x \in X} p(x/y^*) \cdot F(x) > \frac{1}{m} \sum_{\substack{x \in X \\ y \in Y}} p(x/y) \cdot F(x) = E^{\mathscr{G}}(F)$$

und $\mathscr{A}$ ist zweckmäßig.

Eine nichttriviale, i. a. sehr schwierige Aufgabe besteht darin, zu einer Klasse von Umwelten zweckmäßige Automaten bei vorgegebenem Funktional F, eventuell bei vorgegebener Klasse von Funktionalen, zu bestimmen.

Ein besonders interessanter Fall liegt dann vor, wenn das Inputalphabet von $\mathscr{A}$ nur aus zwei Symbolen besteht, $X = \{x_1, x_2\}$. Ohne Beschränkung an Allgemeinheit setzen wir $F(x_1) > F(x_2)$ voraus. Unabhängig von der konkreten Form von F ist dann der Erwartungswert $E^{\mathscr{A}}(F)$ um so größer, je größer die Auftretenswahrschein-

[1]) Man könnte auch $E^{\mathscr{A}}(F) - E^{\mathscr{G}}(F) < 0$ ansetzen. Das entspräche einer Ersetzung von F in $-F$.

lichkeit von x_1 ist. Ist ein Automat mit zwei Inputsymbolen zweckmäßig für ein Funktional F mit $F(x_1) > F(x_2)$, so ist er es für jedes Funktional F^* mit $F^*(x_1) > F(x_2)$.

Die Aussage über die Zweckmäßigkeit eines Automaten $\mathscr{A}$ in einer Umgebung $\mathscr{U}$ bzw. in einer Klasse von Umgebungen ist in diesem Fall eine Aussage über die Struktur von $\mathscr{A}$.

Bei der Untersuchung zweckmäßigen Verhaltens abstrakter Automaten beschränken wir uns im folgenden auf Automaten mit zwei Inputsymbolen, $X = \{x_1, x_2\}$, und setzen

$$F(x_1) = 1 \quad \text{(Belohnung, Gewinn)},$$
$$F(x_2) = -1 \quad \text{(Strafe, Verlust)}.$$

Im Falle $X = \{x_1, x_2\}$, $Y = \{y_1, \ldots, y_m\}$ ist es üblich, $\mathscr{U}$ durch ein m-Tupel $U = (a_1, \ldots, a_m)$; $-1 < a_i < 1$, $i = 1, \ldots, m$, zu beschreiben und

$$\begin{aligned} p(x_1/y_i) &= \frac{1 + a_i}{2} \\ p(x_2/y_i) &= \frac{1 - a_i}{2} \end{aligned} \qquad (92)$$

zu setzen.

Als einfaches Beispiel eines zweckmäßigen Automaten betrachten wir den (determinierten stochastischen) Automaten $\mathscr{A}_2 = [X, Y, Z, P_f, g]$ mit $X = \{x_1, x_2\}$, $Y = \{y_1, y_2\}$, $Z = \{z_1, z_2\}$, $g(z_1) = y_1, g(z_2) = y_2$

$$P_f(x_1) = \begin{pmatrix} 1 & 0 \\ 0 & 1 \end{pmatrix}, \ P_f(x_2) = \begin{pmatrix} 0 & 1 \\ 1 & 0 \end{pmatrix}$$

und dem Funktional F mit $F(x_1) = 1$, $F(x_2) = -1$.

Sein Zustandsdiagramm zeigt Abb. 31.

Durch die Umgebung $\mathscr{U}$ ist y_1 und y_2 jeweils eine Verteilung in X zugewiesen. Die Umgebung $\mathscr{U}$ ist durch das

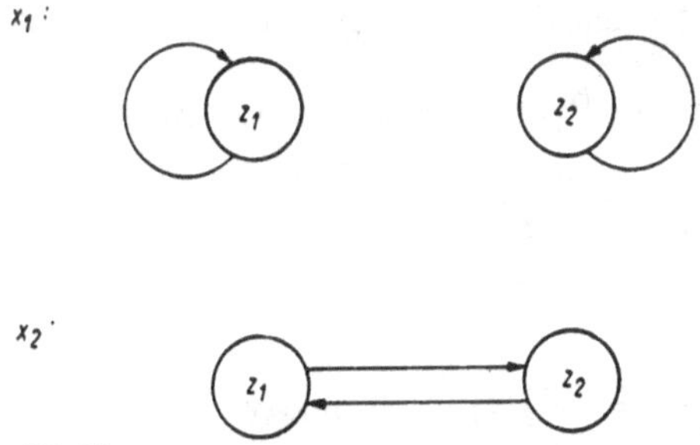

Abb. 31

2-Tupel (a_1, a_2) beschrieben. Es gilt

$$p(x_1/y_1) = \frac{1 + a_1}{2},\ p(x_2/y_1) = \frac{1 - a_1}{2},\ p(x_1/y_2) = \frac{1 + a_2}{2},$$

$$p(x_2/y_2) = \frac{1 - a_2}{2}.$$

Nach (86) sind die Übergangswahrscheinlichkeiten $Q(z_i/z_j)$

$$Q(z_i/z_j) = p(x_1/y_j) \cdot P_f(z_i/z_j, x_1) + p(x_2/y_j) \cdot P_f(z_i/z_j, x_2). \quad (93)$$

Die Matrix $\mathbf{Q}$ hat also die Form

$$\mathbf{Q} = \begin{pmatrix} p(x_1/y_1) & p(x_2/y_1) \\ p(x_2/y_2) & p(x_1/y_2) \end{pmatrix}.$$

$\mathbf{Q}$ ist die Übergangsmatrix einer ergodischen MARKOV-Folge erster Ordnung in Z. Die stationäre Zustandsverteilung $\mathfrak{z}_s = (\mathfrak{z}_s(z_1), \mathfrak{z}_s(z_2))$ bestimmt sich zu

$$\mathfrak{z}_s(z_1) = \frac{p(x_2/y_2)}{p(x_2/y_1) + p(x_2/y_2)},\ \mathfrak{z}_s(z_2) = \frac{p(x_2/y_1)}{p(x_2/y_1) + p(x_2/y_2)}. \quad (94)$$

Die stationären Wahrscheinlichkeiten für das Auftreten von $x_i \in X$ sind dann

$$P_{\mathscr{A}_2}(x_1) = p(x_1/y_1) \cdot \mathfrak{z}_s(z_1) + p(x_1/y_2) \cdot \mathfrak{z}_s(z_2),$$

$$P_{\mathscr{A}_2}(x_2) = p(x_2/y_1) \cdot \mathfrak{z}_s(z_1) + p(x_2/y_2) \cdot \mathfrak{z}_s(z_2).$$

Für $E^{\mathscr{A}_2}(F)$ ergibt sich damit $(F(x_1) = 1,\ F(x_2) = -1)$

$$E^{\mathscr{A}_2}(F) = \hat{P}_{\mathscr{A}_2}(x_1) - \hat{P}_{\mathscr{A}_2}(x_2) = a_1 \cdot \mathfrak{z}_s(z_1) + a_2 \cdot \mathfrak{z}_s(z_2)$$

$$= \frac{a_1 p(x_2/y_2) + a_2 p(x_2/y_1)}{p(x_2/y_1) + p(x_2/y_2)}. \tag{95}$$

Für $\mathscr{G}$ erhält man

$$\hat{P}_{\mathscr{G}}(x_1) = \frac{1}{2}\left[p(x_1/y_1) + p(x_1/y_2)\right],$$

$$\hat{P}_{\mathscr{G}}(x_2) = \frac{1}{2}\left[p(x_2/y_1) + p(x_2/y_2)\right], \tag{96}$$

$$E^{\mathscr{G}}(F) = \frac{a_1 + a_2}{2}.$$

Damit gilt

$$E^{\mathscr{A}_2}(F) - E^{\mathscr{G}}(F) = \frac{1}{4}\,\frac{(a_1 - a_2)^2}{p(x_2/y_1) + p(x_2/y_2)} > 0$$

für $a_1 \neq a_2$,

und $\mathscr{A}_2$ ist zweckmäßig.

Immer dann, wenn dem Zustand z der Input x_1 (Belohnung) folgt, wird z im nächsten Takt nicht geändert. Der Input x_2 (Strafe) hat eine Zustandsänderung zur Folge.

Als Verallgemeinerung des Automaten $\mathscr{A}_2$ betrachten wir den determinierten Moore-Automaten $\mathscr{A}_{2n} = \{X, Y, Z, f, g\}$, $n > 0$, mit

$$X = \{x_1, x_2\},\ Y = \{y_1, y_2\},$$

$$Z = \{z_1^1, z_2^1, \ldots, z_n^1;\ z_1^2, z_2^2, \ldots, z_n^2\}$$

$$f(x_1, z_i^j) = z_{i+1}^j \qquad \text{für } i = 1, \ldots, n-1;\ j = 1, 2,$$

$$f(x_1, z_n^j) = z_n^j \qquad \text{für } j = 1, 2,$$

$$f(x_2, z_i^j) = z_{i-1}^j \qquad \text{für } i = 2, \ldots, n,\ j = 1, 2,$$

$$f(x_2, z_1^1) = z_1^2,$$

$$f(x_2, z_1^2) = z_1^1,$$

$$g(z_i^j) = y_j \qquad \text{für } i = 1, \ldots, n, j = 1, 2,$$

in einer durch (a_1, a_2) definierten Umwelt $\mathcal{U}$.

Sein Zustandsdiagramm zeigt Abb. 32.

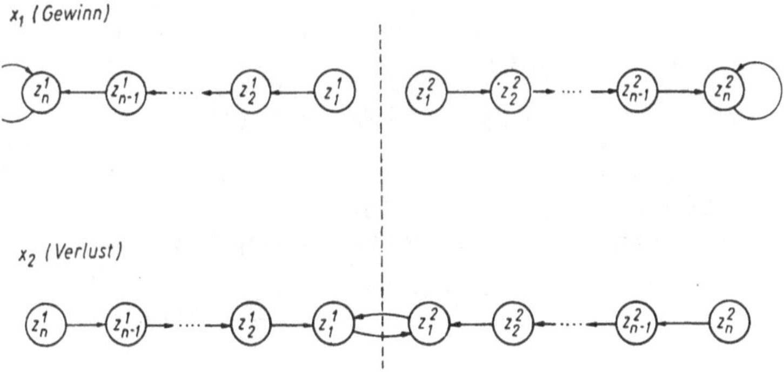

Abb. 32

Die Zustände von $\mathcal{A}_{2n}$ teilen wir nach den ihnen durch g zugeordneten Outputsymbolen y_1, y_2 in die Klassen $Z^1 = \{z_1^1, \ldots, z_n^1\}$ und $Z^2 = \{z_1^2, \ldots, z_n^2\}$ ein. Ein $z_i^1 \in Z^1$ mit $i > 1$ kann nur über die $i - 1$ Zustände $z_{i-1}^1, \ldots, z_1^1$ in einem Zustand $z \in Z^2$ überführt werden. Um $z_i^1 \in Z^1$ in ein $z \in Z^2$ überführen zu können, benötigt man mindestens i Inputsymbole, hier i aufeinanderfolgende Symbole x_2.

Durch i wird beschrieben, wie weit „im Innern" der Klasse Z^1 der Zustand z_i^1 liegt, oder welchen Abstand z_i^1 vom „Rand" der Klasse hat. Wir nennen i Randentfernung von z_i^1. Völlig analog sei die Randentfernung eines Zustandes $z_j^2 \in Z^2$ als j erklärt

Hat nun ein Zustand $z_j^k \in Z^k$ $(k = 1, 2, j = 1, \ldots, n - 1)$ mit der Randentfernung j den Input x_1 (Gewinn) zur Folge, wo wird im nächsten Takt der Zustand z_{j+1}^k mit der Randentfernung $j + 1$ angenommen. z_n^k geht in sich über. Es gilt

$$p(x_1/z_j^k) = p(x_1/y_k) = \frac{1 + a_k}{2}.$$

Hat der Zustand z_j^k ($k = 1, 2$; $j = 2, \ldots, n$) den Input x_2 (Verlust) zur Folge ,so wird im nächsten Takt der Zustand z_{j-1}^k mit der Randentfernung $j - 1$ angenommen. z_1^1 wird in z_1^2 und z_1^2 in z_1^1 überführt. Nur in diesem Falle geht ein Zustand einer Klasse in einen Zustand der anderen über. Es gilt

$$p(x_2/z_j^k) = p(x_2/y_k) = \frac{1 - a_k}{2}.$$

x_2 führt im Zustand z_j^k, $j \neq 1$, tendenziell zur Klassenänderung, x_1 zur Klassenerhaltung.

Sei nun $a_k = \max(a_1, a_2)$ und $a_1 \neq a_2$. Dann ist

$$p(x_1/y_{k'}) = \frac{1 + a_{k'}}{2} > p(x_1/y_k) = \frac{1 + a_k}{2} \text{ für } k \neq k',$$

und es ist anschaulich klar, daß $\mathscr{A}_{2n}$ für genügend große n praktisch nur Zustände aus $Z^{k'}$ annehmen wird. Für die stationären Auftretenswahrscheinlichkeiten $\hat{P}_{\mathscr{A}_{2n}}(x_1)$ und $\hat{P}_{\mathscr{A}_{2n}}(x_2)$ für x_1 und x_2 gilt

$$\lim_{n\to\infty} \hat{P}_{\mathscr{A}_{2n}}(x_1) = p(x_1/y_{k'}); \lim_{n\to\infty} \hat{P}_{\mathscr{A}_{2n}}(x_2) = p(x_2/y_{k'})$$

und damit

$$\lim_{n\to\infty} E\,\mathscr{A}^{2n}(F) = \lim_{n\to\infty} \left(\hat{P}_{\mathscr{A}_{2n}}(x_1) - P_{\mathscr{A}_{2n}}(x_2)\right) = \max(a_1, a_2). \tag{97}$$

Der formale B e w e i s ist in [32] zu finden.

Betrachtet man die Automaten $\mathscr{A}_{2n}$, $n = 1, 2, \ldots$, als eine Folge von Automaten $\mathscr{A}_{2n}$, so nennt man wegen (97) diese Folge *asymptotisch optimal* in $\mathscr{U}$.

Allgemein definiert man: Ist $\mathscr{C}_n = [X = \{x_1, x_2\}$, $Y = \{y_1, \ldots, y_m\}$, $Z = \{z_1, \ldots, z_n\}$, P_f, $P_g]$, $n = 1, 2, 3, \ldots$, eine vorgegebene Folge von Automaten und $\mathcal{U} = (a_1, \ldots, a_m)$ mit $-1 < a_i < 1, i = 1, \ldots, m$, eine Umgebung von $\mathcal{C}_n$ und gilt

$$\lim_{n \to \infty} E^{\mathcal{C}_n}(F) = \max (a_1, \ldots, a_m),$$

so heißt $\mathcal{C}_n$ eine Folge *asymptotisch optimaler Automaten*. In [32, 34] sind verschiedene Folgen asymptotisch optimaler Automaten angegeben. Dieses Beispiele sind so aufgebaut, daß sich die Zustände nach den ihnen determiniert zugeordneten Outputs y_i in Klasse K^i einteilen lassen $(i = 1, \ldots, m)$.

Folgt einem Zustand $z \in K^i$ der Input x_1 (Gewinn), so ist der Folgezustand $z' \in K^i$, und die Randentfernung von z' ist nicht kleiner als die von z. Folgt einem $z \in K^i$ der Input x_2 (Verlust), so ist der Folgezustand z' entweder ein Zustand der Klasse K^i mit einer kleineren Randentfernung als z oder er gehört einer anderen Klasse an.

Im Falle stochastischer Automaten sind diese Aussagen für die entsprechenden Erwartungswerte zu formulieren.

Die verschiedenen Folgen asymptotisch optimaler Automaten unterscheiden sich bezüglich ihres Konvergenzverhaltens. Eine Verallgemeinerung der bisherigen Betrachtungen stellt der Fall dar, daß die Umwelt $\mathcal{U}_t$ eines Automaten $\mathcal{A}$ in jedem Takt (oder auch mit einer langsameren Taktung als die Taktung des Automaten $\mathcal{A}$) aus einer vorgegebenen Menge von Umwelten $\mathcal{U}$ ausgewählt wird, etwa als MARKOV-Folge endlicher Ordnung. Auch in diesem Fall läßt sich der Erwartungswert des Gewinns explizite aufschreiben und ermitteln, ob $\mathcal{A}$ zweckmäßig bezüglich $\mathcal{U}$ ist [32, 34]. Das ist sicher dann der Fall, wenn $\mathcal{A}$ bezüglich jedes Elementes von $\mathcal{U}$ zweckmäßig ist. Betrachtet man bei taktweise stochastisch veränderlicher Umwelt Folgen $\mathcal{C}_n$ von bezüglich der Elemente von $\mathcal{U}$ asymptotisch optimale Automaten, so wird im allgemeinen der Erwartungswert bezüglich der Umwelt $\mathcal{U}$ für ein endliches n' optimal. n' kann man dann als eine „optimale Gedächtnistiefe" von $\mathcal{C}_n$ bezüglich $\mathcal{U}$ ansehen. Auf Einzelheiten können wir nicht eingehen.

Die Resultate zum zweckmäßigen Verhalten haben bisher mehr beispielhaften Charakter. Von großem Interesse wäre die Charakterisierung der Klasse von Automaten (gegebenenfalls in einer geeigneten Unterklasse) mit $\mathrm{X} = \{\mathrm{x}_1, \mathrm{x}_2\}$, $\mathrm{Y} = \{\mathrm{y}_1, \ldots, \mathrm{y}_m\}$, $m > 1$, die sich in der Klasse der durch $(a_1, \ldots, a_m)$ mit $-1 < a_i < 1$, $i = 1, \ldots, m$, zweckmäßig verhalten.

Die Lösung dieser Aufgabenstellung ermöglichte praktisch gleichzeitig die Charakterisierung derjenigen Automaten mit $\mathrm{X} = \{\mathrm{x}_1, \mathrm{x}_2\}$, $\mathrm{Y} = \{\mathrm{y}_1, \ldots, \mathrm{y}_m\}$, die bezüglich einer Umwelt $\mathcal{U}'$ zweckmäßig sind, wenn $\mathcal{U}' = [\mathrm{X}'' = \mathrm{X}', \mathrm{Y}, \mathrm{Y}' = \mathrm{X}, \mathrm{Z}', P_f', P_g']$ ein stochastischer Moore-Automat ist.

$\mathcal{U}'$ läßt sich auffassen als Hintereinanderschaltung eines outputdeterminierten Moore-Automaten $\mathcal{U}'' = [\mathrm{X}'' = \mathrm{X}', \mathrm{Y}'' = \mathrm{Z}', \mathrm{Z}'' = \mathrm{Z}', P_f'' = P_f', g'']$ mit $g''(\mathrm{z}) = \mathrm{z}$ und eines durch P_g' beschriebenen kombinatorischen, stochastischen Automaten $\mathcal{U}$. $\mathcal{A}$ ist genau dann zweckmäßig bezüglich $\mathcal{U}'$, wenn die Reihenschaltung aus $\mathcal{A}$ und $\mathcal{U}''$ zweckmäßig bezüglich $\mathcal{U}$ ist.

Eine interessante Fragestellung im Zusammenhang mit zweckmäßigem Verhalten von Automaten ergibt sich bei der Betrachtung von Automaten mit veränderlicher Struktur [33]. Als *Automaten mit veränderlicher Struktur* wählen wir stochastische outputdeterminierte Automaten. Im Gegensatz zu determinierten Automaten lassen sie sich „in kleinen Schritten" ändern, indem man ihre Wahrscheinlichkeiten um kleine Beträge ändert. In Abhängigkeit von Zustand $\mathrm{z}(t)$, Input $\mathrm{x}(t)$, Folgezustand $\mathrm{z}(t+1)$ und Folgeinput $\mathrm{x}(t+1)$ wird die Struktur geändert. Dabei strebt man an, daß ein ursprünglich nicht zweckmäßiger Automat im Verlauf dieses Änderungsprozesses in einen zweckmäßigen Automaten umgewandelt wird.

Die Aufgabe, ein vorgegebenes System (hier einen Automaten) in Abhängigkeit von seinem Verhalten in ein nach einem Kriterium (hier zweckmäßiges Verhalten) gewünschtes System abzuändern, ist eine typische Aufgabe der Steuerung.

Auch hier setzen wir voraus, daß das Inputalphabet der betrachteten Automaten $X = \{x_1, x_2\}$ ist und $F(x_1) = 1$ (Gewinn), $F(x_2) = -1$ (Verlust) für das Funktional F gilt. Mit $\mathscr{A}_t$ bezeichnen wir den Automaten im Takt t. Es sei

$$\mathscr{A}_t = \{X = \{x_1, x_2\},\ Y = \{y_1, \ldots, y_m\},\ Z = \{z_1, \ldots, z_n\},\ P_f, q\}.$$

Ist nun

$$x(t) = x_l;\ (l = 1, 2);\ z(t) = z_i,\ z(t+1) = z_j;\ (i, j = 1, \ldots, n)$$

und $x(t+1) = x_1$ bzw. $x(t+1) = x_2$, so soll $\mathscr{A}_t$ im Takt $t+1$ in $\mathscr{A}_{t+1} = \{X, Y, Z, {}^{t+1}P_f, g\}$ abgeändert werden mit

$$ {}^{t+1}P_f(z_j/z_i, x_l) = \begin{cases} {}^tP_f(z_j/z_i, x_l) + {}^t\Delta_{ij}^l & \text{für } x(t+1) = x_1 \\ {}^tP_f(z_j/z_i, x_l) - {}^t\Delta_{ij}'^l & \text{für } x(t+1) = x_2. \end{cases} \tag{98}$$

Dabei soll ${}^t\Delta_{ij}^l, {}^t\Delta_{ij}'^l > 0$, ${}^{t+1}P_f(z_j/z_i, x_l) \geqq 0$ erfüllt sein. Für $k \neq j$ sind die ${}^{t+1}P_f(z_k/z_i, x_l)$ so aus den $P_f(z_k/z_i, x_l)$ zu bestimmen, daß für $t+1$ die Normierungsbedingung

$$\sum_{h=1}^{n} {}^{t+1}P_f(z_h/z_i, x_l) = 1$$

erfüllt bleibt.

Die Wahrscheinlichkeit $P_f(z_j/z_i, x_l)$, daß der Automat vom Zustand z_i in z_j unter Einwirkung von x_l übergeht, wird vergrößert, wenn der Automat von z_i in z_j bei Eingabe von x_l übergegangen ist und die neue Eingabe x_1 (Gewinn) ist. Ist die neue Eingabe x_2 (Verlust), so wird diese Wahrscheinlichkeit verkleinert.

Die konkreten Vorschriften zur Abänderung der Wahrscheinlichkeiten können dabei sehr unterschiedlich sein.

Als einfaches Beispiel eines Automaten mit veränderlicher Struktur in einer stochastischen Umgebung betrachten wir nach [33] den Automaten $\mathscr{A}_{t,2} = [X = \{x_1, x_2\}, Y = Z = \{z_1, z_2\}, {}^tP_f, g]$ mit $g(z_i) = z_i$, $i = 1, 2$, in der stochastischen Umgebung $\mathscr{U}$ mit $U = (a_1, a_2)$, $-1 < a_1, a_2 < 1$. Es gilt dann

$$p(x_1/z_i) = \frac{1 + a_i}{2}, \quad p(x_2/z_i) = \frac{1 - a_i}{2}$$

(vgl. (92)). Wir setzen abkürzend ${}^t\mathbf{P}_f = {}^t\mathbf{P}$,

$${}^t\mathbf{P}(x_l) = \begin{pmatrix} {}^tP_{11}(x_l) & {}^tP_{12}(x_l) \\ {}^tP_{21}(x_l) & {}^tP_{22}(x_l) \end{pmatrix},$$

wobei

$$\begin{aligned} {}^tP_{11}(x_l) + {}^tP_{12}(x_l) &= 1, \\ {}^tP_{21}(x_l) + {}^tP_{22}(x_l) &= 1 \end{aligned} \tag{99}$$

erfüllt sein muß.

Ist der Automat $\mathscr{A}_{t,2}$ vom Zustand $z(t) = z_i$ unter Einwirkung von $x(t) = x_l$ in den Zustand $z(t+1) = z_j$ übergegangen und folgt z_j der neue Input $x(t+1) = x_k$, $(i, j, k \in \{1, 2\})$ so soll nur die i-te Zeile der Matrix $\mathbf{P}(x_l)$ abgeändert werden, und es soll

$${}^{t+1}P_{ij}(x_l) = \begin{cases} (1 - \alpha) + \alpha {}^tP_{ij}(x_l) \text{ für } x_k = x_1 \text{ (Gewinn)} \\ \alpha \cdot {}^tP_{ij}(x_l) \text{ für } x_k = x_2 \text{ (Verlust)} \end{cases} \tag{100}$$

gelten. Dabei sei $0 < \alpha < 1$. Das Matrixelement ${}^{t+1}P_{ir}(x_l)$ mit $r \neq j$ ergibt sich aus der Normierungsbedingung (99) zu

$${}^{t+1}P_{ir}(x_l) = 1 - {}^{t+1}P_{ij}(x_l). \tag{101}$$

Wir berechnen nun den Erwartungswert ${}^{t+1}\overline{P}_{11}(x_1)$ des Matrixelementes $P_{11}(x_1)$ zum Zeitpunkt $t + 1$ unter der Bedingung, daß dieses Matrixelement zum Zeitpunkt t bekannt ist. Dazu sind in Tab. 5 alle Übergänge von

$z(t)$ unter Einwirkung von $x(t)$ nach $z(t+1)$ bei folgendem Input $x(t+1)$ zusammengestellt, die zu einer Änderung von $P_{11}(x_1)$ nach (100) oder (101) Anlaß geben. Dabei ist $P_{11} = \pi$ gesetzt.

Tabelle 5

$z(t)$	$z(t+1)$	$x(t)$	$x(t+1)$	${}^{t+1}\pi$	${}^{t+1}\pi - {}^{t}\pi$
z_1	z_1	x_1	x_1	$1 - \alpha + \alpha \cdot {}^t\pi$	$(1-\alpha)(1-{}^t\pi)$
z_1	z_1	x_1	x_2	$\alpha \cdot {}^t\pi$	$(\alpha - 1) \cdot {}^t\pi$
z_1	z_2	x_1	x_1	$\alpha \cdot {}^t\pi$	$(\alpha - 1) \cdot {}^t\pi$
z_1	z_2	x_1	x_2	$(1-\alpha) + \alpha \cdot {}^t\pi$	$(1-\alpha)(1-{}^t\pi)$

Bezeichnen wir mit $\hat{Q}_t(z_i)$ die Auftretenswahrscheinlichkeiten für z_i zur Zeit t, so ergibt sich

$$\begin{aligned}
{}^{t+1}\overline{P}_{11}(x_1) &= {}^tP_{11}(x_1) + Q_t(z_1)\, p(x_1/z_1)(1-\alpha) \\
&\quad \times \big[{}^tP_{11}(x_1)\, p(x_1/z_1)\big(1 - {}^tP_{11}(x_1)\big) \\
&\quad - {}^tP_{11}(x_1)\, p(x_2/z_1)\, {}^tP_{11}(x_1) \\
&\quad - {}^tP_{12}(x_1)\, p(x_1/z_2)\, {}^tP_{11}(x_1) \\
&\quad + {}^tP_{12}(x_1) \cdot p(x_2/z_2)(1 - {}^tP_{11}(x_1)\big] \\
&= {}^tP_{11}(x_1) - Q_t(z_1) \cdot p(x_1/z_1)(1-\alpha) \\
&\quad \times \big[{}^tP_{11}(x_1)\{p(x_2/z_2) + p(x_2/z_1)\} - p(x_2/z_2)\big].
\end{aligned} \tag{102}$$

Ist diese Wahrscheinlichkeit stationär, so gilt ${}^{t+1}\overline{P}_{11}(x_1) = {}^tP_{11}(x_1)$, und für die stationäre Wahrscheinlichkeit ${}^sP_{11}(x_1)$ folgt aus (102)

$${}^sP_{11}(x_1) = \frac{p(x_2/z_2)}{p(x_1/z_2) + p(x_2/z_1)}. \tag{103}$$

Völlig analog ergibt sich

$${}^sP_{11}(x_2) = {}^sP_{11}(x_1)$$

und

$${}^sP_{22}(x_1) = {}^sP_{22}(x_2) = \frac{p(x_2/z_1)}{p(x_2/z_2) + p(x_2/z_1)} \tag{104}$$

Für die stationären Matrizen ${}^s\mathbf{P}(\mathrm{x}_l)$ gilt also

$$ {}^s\mathbf{P}(\mathrm{x}_1) = {}^s\mathbf{P}(\mathrm{x}_2) = \begin{pmatrix} \frac{p(\mathrm{x}_2/\mathrm{z}_2)}{N} & \frac{p(\mathrm{x}_2/\mathrm{z}_1)}{N} \\ \frac{p(\mathrm{x}_2/\mathrm{z}_2)}{N} & \frac{p(\mathrm{x}_2/\mathrm{z}_1)}{N} \end{pmatrix} \tag{105} $$

mit $N = p(\mathrm{x}_2/\mathrm{z}_2) + p(\mathrm{x}_2/\mathrm{z}_1)$.

Für die stationären Übergangswahrscheinlichkeiten ${}^sQ(\mathrm{z}_i/\mathrm{z}_j)$ der Markov-Folge erhält man aus (86) für $\mathscr{A}_{t,2}$

$$ {}^sQ(\mathrm{z}_i/\mathrm{z}_j) = \sum_{h=1}^{2} p(\mathrm{x}_h/\mathrm{z}_j) \cdot {}^sP(\mathrm{z}_i/\mathrm{z}_j, \mathrm{x}_h) = {}^sP(\mathrm{z}_i/\mathrm{z}_j, \mathrm{x}_1) $$
$$ = {}^sP(\mathrm{z}_i/\mathrm{z}_j, \mathrm{x}_2) $$

und damit

$$ {}^s\mathbf{Q} = {}^s\mathbf{P}(\mathrm{x}_1) = {}^s\mathbf{P}(\mathrm{x}_2). \tag{106} $$

Die stationäre Zustandsverteilung ergibt sich aus

$$ \mathfrak{z}_s \cdot {}^s\mathbf{Q} = \mathfrak{z}_s $$

$$ \mathfrak{z}_s(\mathrm{z}_1) + \mathfrak{z}_s(\mathrm{z}_2) = 1 $$

zu

$$ \mathfrak{z}_s(\mathrm{z}_1) = \frac{p(\mathrm{x}_2/\mathrm{z}_2)}{p(\mathrm{x}_2/\mathrm{z}_1) + p(\mathrm{x}_2/\mathrm{z}_2)}; \quad \mathfrak{z}_s(\mathrm{z}_2) = \frac{p(\mathrm{x}_2/\mathrm{z}_1)}{p(\mathrm{x}_2/\mathrm{z}_1) + p(\mathrm{x}_2/\mathrm{z}_2)}. \tag{107} $$

Sie stimmt mit den stationären Wahrscheinlichkeiten (94) des Automaten $\mathscr{A}_2$ überein.

Somit gilt für den stationären Automaten $\mathscr{A}_{s,2}$

$$ E^{\mathscr{A}_{s,2}}(F) = E^{\mathscr{A}_2}(F) $$

(vgl. (95)) und $\mathscr{A}_{s,2}$ ist zweckmäßig.

Auch andere Beispiele für die Abänderung entsprechender Wahrscheinlichkeiten werden betrachtet (vgl. [34]).

Die Wichtigkeit der Anwendung zweckmäßiger Automaten mit veränderlicher Struktur zur Modellierung von Lernprozessen wird erkannt (s. z. B. [35]). Auch werden

Automaten mit veränderlicher Struktur in veränderlicher Umgebung modelliert.

Die Überlegungen zu zweckmäßigen Verhalten von Automaten sind in Zusammenhang mit Vorstellungen über einen Prototyp biologischen Verhaltens entstanden. Ein biologisches System (Individuum oder eine Gruppe von Individuen) ist wechselnden stochastischen Einflüssen einer Umwelt ausgesetzt.

Diejenigen Individuen, denen es aufgrund ihrer inneren Struktur oder aufgrund der Fähigkeit zur Änderung ihrer inneren Struktur möglich ist, so auf ihre Umwelt zu wirken, daß sie eine große Anzahl für sie positiv zu bewertender Inputs erhalten, überleben. In unseren Betrachtungen sahen wir die Bewertung der Inputs als vorgegeben an. Bei biologischen Systemen könnte sie aus dem Prinzip „Überleben der Art" zu erklären sein.

Es scheint sehr schwierig, aus einer solchen, bisher nur verbal formulierbaren Bewertung eine mathematisch korrekte formulierbare Bewertung für die einzelnen Systeme abzuleiten. Unabhängig davon, wie weitreichend das Konzept zweckmäßigen Verhaltens für die Biologie ist und biologische Systeme mehr oder weniger zufällig entstanden sind, scheint eine Theorie des zweckmäßigen Verhaltens von Automaten zum Aufbau technischer Systeme nützlich.

Wir beschäftigen uns nun mit den Zufallsfolgen, die bei rückgekoppelten stochastischen Automaten auftreten (vgl. [36]). Zunächst gehen wir wieder von dem in Abb. 30 dargestellten Schema $\mathcal{S}$ aus, wo ein stochastischer MOORE-Automat

$$\mathcal{A} = \{X, Y, Z, P_f, P_g\} \text{ mit } X = \{x_1, \ldots, x_l\}, Y = \{y_1, \ldots,$$

$y_m\}, Z = \{z_1, \ldots, z_n\}$ über eine Umwelt $\mathcal{U}$, die durch die Wahrscheinlichkeiten $p(x_i/y_j)$, $i = 1, \ldots, l$; $j = 1, \ldots, m$ charakterisiert werden kann, rückgekoppelt ist.

Durch $\mathscr{S}$ ist in X × Y × Z eine MARKOV-Folge erster Ordnung definiert. Die stochastischen Anhängigkeiten von x, y, z zeigt schematisch Abb. 33.

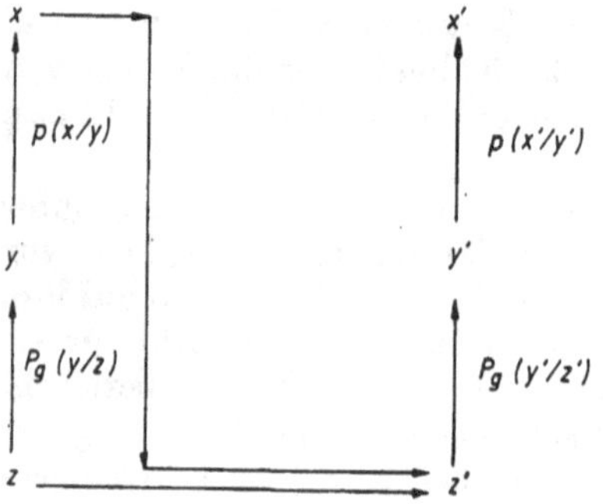

Abb. 33

Für die Wahrscheinlichkeit, daß $\mathrm{x}' = \mathrm{x}_i$, $\mathrm{y}' = \mathrm{y}_j$, $\mathrm{z}' = \mathrm{z}_k$ ist, gilt

$$P(\mathrm{x}' = \mathrm{x}_i, \mathrm{y}' = \mathrm{y}'_j, \mathrm{z}' = \mathrm{z}_k/\mathrm{x} = \mathrm{x}_u, \mathrm{y} = \mathrm{y}_v, \mathrm{z} = \mathrm{z}_w)$$
$$= P_f(\mathrm{z}_k/\mathrm{x}_u\mathrm{z}_v) \cdot p(\mathrm{x}_i/\mathrm{y}_v) \cdot P_g(\mathrm{y}_j/\mathrm{z}_k). \qquad (108)$$

Auch in Z ist durch $\mathscr{S}$ eine MARKOV-Folge erster Ordnung mit der durch (86) bestimmten Übergangsmatrix Q festgelegt. Anschaulich entnimmt man dies Abb. 33. Ebenso überzeugt man sich, daß die durch $\mathscr{S}$ in X × Z und Y × Z definierten Zufallsfolgen MARKOV-Folgen erster Ordnung sind. In X, Y und X × Y sind im allgemeinen Homomorphismen von MARKOV-Folgen erster Ordnung erklärt, d. h. im allgemeinen keine MARKOV-Folgen.

Als Verallgemeinerung der in Abb. 33 dargestellten stochastischen Abhängigkeit der Größen x, y, z wird in [37] ein stochastischer Automat $\mathscr{S}$ (mit Rückkopplung) als eine dreidimensionale MARKOV-Folge erster Ordnung in X × Y × Z definiert, $\mathrm{X} = \{\mathrm{x}_1, \ldots, \mathrm{x}_l\}$, $\mathrm{Y} = \{\mathrm{y}_1, \ldots,$

$y_m\}$, $Z = \{z_1, \ldots, z_n\}$. Als Nebenbedingung wird gefordert, daß der Output $y(t)$ stochastisch nur von $x(t)$ und $z(t)$ abhängt. Die Markov-Folge erster Ordnung in $X \times Y \times Z$ sei durch die Übergangswahrscheinlichkeiten

$P(x' = x_i, y' = y_j, z' = z_k/x = x_u, y = y_v, z = z_w)$[1]) die

durch $P(x', y', z'/x, y, z)$ abgekürzt seien und durch eine Anfangsverteilung v_0 in $X \times Y \times Z$ festgelegt.

Wir setzen hier voraus, daß sich die Übergangswahrscheinlichkeiten zeitlich nicht ändern.

Die Nebenbedingung für den Output lautet

$$P\big(y/x, z, x(t-1), y(t-1), z(t-1), \ldots, x(0), y(0), z(0)\big) = P(y/x, z). \tag{109}$$

Die stochastischen Anhängigkeiten der so definierten Markov-Folge erster Ordnung in $X \times Y \times Z$ zeigt schematisch Abb. 34.

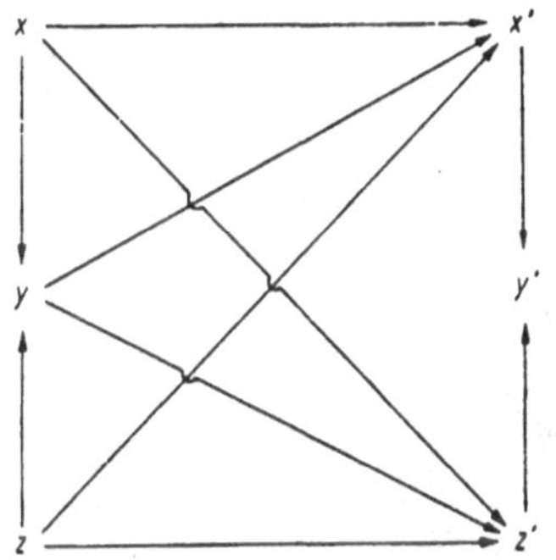

Abb. 34

In $X \times Z$ ist durch $\mathscr{S}$ eine Markov-Folge erster Ordnung definiert. Es gilt für die Übergangswahrscheinlichkeiten

$$P(x', z'/x, z) = \sum_{y, y' \in Y} P(x', y', z'/x, y, z) \cdot P(y/x, z). \tag{110}$$

[1]) Für $x(t)$, $y(t)$, $z(t)$ bzw. $x(t+1)$, $y(t+1)$, $z(t+1)$ schreiben wir x, y, z bzw. x', y', z'.

Aus den Übergangswahrscheinlichkeiten der MARKOV-Folge erster Ordnung in $X \times Y \times Z$ lassen sich die Wahrscheinlichkeiten $P(z', y/x, z)$ dafür berechnen, daß der Automat vom Zustand $z(t)$ bei Eingabe von $x(t)$ in $z(t+1)$ übergeht und $y(t)$ ausgibt [37]. Es gilt (unter Verwendung von (109))

$$\begin{aligned} &P(z', y/x, z) \\ &= P(z'/x, y, z) \cdot P(y/x, z) \\ &= P(z'/x, y, z) \cdot P(y/x, z, x(t-1), y(t-1)\, z(t-1)) \\ &= \sum_{\substack{x' \in X \\ y' \in Y}} P(x', y', z'/x, y, z) \frac{P(x, y, z/x(t-1), y(t-1)\, z(t-1))}{\sum_{y \in Y} P(x, y, z/x(t-1)\, y(t-1)\, z(t-1))}. \end{aligned} \tag{111}$$

Anhand eines einfachen Beispiels überzeugt man sich, daß für rückgekoppelte Automaten im Unterschied zu Automaten ohne Rückkopplung

$$P(z(t+n) \cdots z(t+1), y(t+n-1) \cdots y(t)/x(t+n-1) \cdots x(t), z(t)) \neq P(z(t+n)\, y(t+n-1)/z(t+n-1), x(t+n-1)) \cdots P(z(t+1)\, y(t)/x(t)\, z(t))$$

ist und damit (7) allgemein nicht gilt.

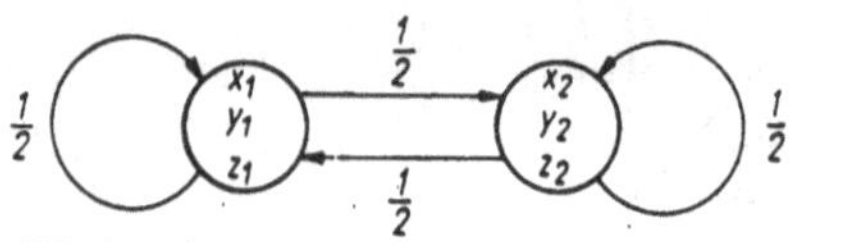

Abb. 35

Dazu betrachten wir die 3-dimensionale MARKOV-Folge erster Ordnung von Abb. 35

mit $P(x_1, y_1, z_1/x_1, y_1, z_1) = P(x_2, y_2, z_2/x_1, y_1, z_1)$
$= P(x_1, y_1, z_1/x_2, y_2, z_2) = P(x_2, y_2, z_2/x_2, y_2, z_2) = \dfrac{1}{2}$

und 0 sonst.

Die Nebenbedingung (109) hat die Form

$$P(y_1/x_1, z_1) = P(y_2/x_2, z_2) = 1\,.$$

Für die Wahrscheinlichkeiten $P(z', y/z, x)$ ergibt sich

$$\begin{aligned} P(z', y/x, z) &= P(z'/x, y, z) \cdot P(y/x, z) \\ &= \sum_{\substack{x' \in X \\ y' \in Y}} P(x'y'z'/x, y, z) \cdot P(y/x, z) \end{aligned}$$

und somit

$$P(z_1, y_1/x_1, z_1) = P(z_2, y_1/x_1, z_1) = \frac{1}{2}\,.$$

Außerdem gilt

$$\begin{aligned} P\big(z(t+2), z', y', y/x', x, z\big) &= P\big(z(t+2), y'/z', x', x, y, z\big) \\ &\quad \times P(z', y/x', x, z), \\ P\big(z(t+2), y'/z', x', x, y, z\big) &= P\big(z(t+2)/x', y', z'\big) \\ &\quad \times P(y'/x', z'), \\ P(z', y'/x', x, z) &= P(z'/x', x, y, z) \cdot P(y/x, z) \\ &= \frac{\sum\limits_{y' \in Y} P(x', y', z'/x, y, z)}{\sum\limits_{\substack{y' \in Y \\ z' \in Z}} P(x', y', z'/x, y, z)}\,. \end{aligned}$$

Damit ergibt sich

$$\begin{aligned} P(z_1, z_1, y_1, y_1/x_1, x_1, z_1) &= \frac{1}{2} \neq P(z_1, y_1/x_1, z_1) \\ &\quad \times P(z_1, y_1/x_1, z_1) = \frac{1}{4}\,. \end{aligned}$$

Allgemein gilt

$$\begin{aligned} &P\big(z(n+1), z(n), \ldots, z(2), y(n), \ldots, y(1)/x(n), \ldots, x(1), z(1)\big) \\ &= \prod_{i=1}^{n} \{P(z(i+1)\, y(i)/x(i), z(i); x(n), \ldots, x(i+1), x(i-1), \\ &\quad y(i-1), z(i-1), \ldots, x(1), y(1), z(1)\}\,. \end{aligned} \tag{112}$$

12. Anhang: Wahrscheinlichkeit und Zufallsfolgen

Wir gehen zunächst von einigen Beispielen aus, in denen der Begriff Wahrscheinlichkeit benutzt wird.

1. Die Wahrscheinlichkeit, beim Werfen eines Würfels eine der Zahlen 1 bis 6 zu erhalten ist 1/6. Vor dem Werfen des Würfels ist bekannt, daß wir genau ein Element der der Menge $X = \{1, 2, 3, 4, 5, 6\}$ werfen werden. X heißt die Menge der Elementarereignisse.

Auf X ist eine Wahrscheinlichkeitsverteilung definiert. Die Wahrscheinlichkeitsverteilung wird durch eine Abbildung $\hat{P}: X \to \langle 0,1 \rangle$ von X in das reelle Intervall $\langle 0,1 \rangle$ charakterisiert, die jedem $x \in X$ eine reelle Zahl $\hat{P}(x)$ mit $0 \leqq \hat{P}(x) \leqq 1$ und $\sum_{x \in X} \hat{P}(x) = 1$ zuordnet. Hier gilt $\hat{P}(x) = \frac{1}{6}$ für $x \in X$.

Welche der Zahlen 1 bis 6 auftritt, ist nicht vorhersagbar. Dabei haben wir hier die Überzeugung, daß die Bewegungen mechanischer Körper, also auch die des Würfels, den Gesetzen der klassischen Physik unterliegen und determiniert ablaufen. Praktisch ist eine determinierte Beschreibung wegen der Vielzahl der Einflüsse (Beschleunigung, Trägheitsmoment um verschiedene Achsen, Luftwiderstand, Reibung auf der Unterlage ...) nicht möglich. (In der Quantentheorie sind oftmals prinzipiell nur Wahrscheinlichkeitsaussagen möglich).

Würfeln wir N-mal und bezeichnen wir mit $N(i)$ die Anzahl der Würfe, bei denen wir die Zahl $i \in X$ erhalten, so gilt

$$\frac{N(i)}{N} \approx \frac{1}{6},$$

wenn N groß ist. Über Schwankungen dieses Wertes in Abhängigkeit von N macht die Wahrscheinlichkeitsrechnung Aussagen. Die Wahrscheinlichkeit $\hat{P}(x = i) = \hat{P}(i)$ kann (nach dem starken Gesetz der großen Zahlen) für genügend große N durch $\frac{N(i)}{N}$ ersetzt werden. Anstatt einen einzigen Würfel N-mal zu werfen, kann man auch N gleichartige Würfel 1-mal werfen.

Stellt man sich auf den Standpunkt des Naturwissenschaftlers, daß Aussagen experimentell überprüfbar sein sollen, so bedeutet eine Wahrscheinlichkeitsaussage eine Aussage über relative Häufigkeiten beim N-maligen Wiederholen eines Versuches oder bei der Betrachtung eines Ensembles N gleichartiger Systeme bei einem Versuch für genügend großes N.

Eine Wahrscheinlichkeitsaussage ist an einem einzigen System in einem einzigen Versuch nicht überprüfbar.

Bei einem Würfel kann man auch nach der Wahrscheinlichkeit fragen, mit der etwa eine gerade Zahl oder eine Zahl kleiner als 3 geworfen wird. Wir fragen dann nach der Wahrscheinlichkeit, daß die geworfene Zahl einer Teilmenge X′ von X entstammt und schreiben dafür $P(\mathrm{X}')$. Im betrachteten Beispiel handelt es sich um die Teilmenge $\{2, 4, 6\}$ und $\{1, 2\}$ mit $P(\{2, 4, 6\}) = P(2) + P(4) + P(6) = \frac{1}{2}$ und $P(\{1, 2\}) = P(1) + P(2) = \frac{1}{3}$. Es sei wieder ein Würfel gegeben, bei dem jedoch die Flächen mit den Zahlen 1, 2, 3 rot lakiert sind und die Flächen mit den Zahlen 4, 5, 6 blau.

Die Wahrscheinlichkeit dafür, daß bei einem Würfel eine gerade Zahl geworfen wird unter der Bedingung, daß eine rote Fläche oben liegt, ist $\frac{1}{3}$. Unter der Bedingung einer blauen Fläche ist diese gleich $\frac{2}{3}$.

Es gilt

$$P(\text{x gerade/rot}) = \frac{\hat{P}(\{2, 4, 6\} \cap \{1, 2, 3\})}{\hat{P}(\{1, 2, 3\})} = \frac{\hat{P}(\{2\})}{\hat{P}(\{1, 2, 3\})}$$

$$= \frac{\hat{P}(2)}{\hat{P}(1) + \hat{P}(2) + \hat{P}(3)} = \frac{1}{3},$$

$$P(\text{x gerade/blau}) = \frac{\hat{P}(\{2, 4, 6\} \cap \{4, 5, 6\})}{\hat{P}(\{4, 5, 6\})} = \frac{\hat{P}(\{4, 6\})}{\hat{P}(\{4, 5, 6\})}$$

$$= \frac{\hat{P}(4) + \hat{P}(6)}{\hat{P}(4) + \hat{P}(5) + \hat{P}(6)} = \frac{2}{3}.$$

Wir betrachten nun das gleichzeitige Werfen eines Würfels W und einer Münze M. Die Menge der Elementarereignisse der Münze ist $X_M = \{\text{Zahl (Za), Wappen (W)}\}$ die des Würfels $X_M = \{1, 2, 3, 4, 5, 6\}$. Für die Münze gilt $\hat{P}(\text{Za}) = \hat{P}(\text{W}) = \frac{1}{2}$, für den Würfel $\hat{P}(1) = \hat{P}(2) \cdots = \hat{P}(6) = \frac{1}{6}$.

Durch das gleichzeitige Werfen von Würfel und Münze ist auf $X_W \times X_M = \{(1, \text{Za}), (2, \text{Za}), \ldots, (6, \text{Za}), (1, \text{W}), \ldots, (6, \text{W})\}$ eine Wahrscheinlichkeitsverteilung mit

$$\hat{P}\big((i, \text{Za})\big) = \hat{P}\big((i, \text{W})\big) = \frac{1}{12}, \qquad i = 1, \ldots, 6,$$

definiert. Dabei gilt

$$\hat{P}\big((i, \text{Za})\big) = \hat{P}(i) \cdot \hat{P}(\text{Za}),$$

$$\hat{P}\big((i, \text{W})\big) = \hat{P}(i) \cdot \hat{P}(\text{W}).$$

Das Resultat beim Werfen des Würfels beeinflußt nicht das Resultat beim Münzwurf und umgekehrt. Münzwurf und Würfelwurf sind stochastische voneinander unabhängig.

Wir betrachten wieder das Werfen einer Münze und eines Würfels, wobei wir nun folgende Abhängigkeit zwischen Münz- und Würfelwurf voraussetzen.

1. Zeigt der Würfel eine gerade Zahl an, so soll im nächsten Wurf die Münze geworfen werden.
2. Zeigt der Würfel eine ungerade Zahl an, so soll im nächsten Takt wieder der Würfel geworfen werden.
3. Zeigt die Münze „Zahl" an, so soll im nächsten Takt die Münze geworfen werden.
4. Zeigt die Münze „Wappen" an, so soll im nächsten Takt der Würfel geworfen werden.
5. Zuerst werde die Münze geworfen.

Durch diese Abhängigkeit sind bedingte Wahrscheinlichkeiten, „Übergangswahrscheinlichkeiten", definiert.

Mit $P(i \setminus \mathrm{Za})$ bezeichnen wir die Wahrscheinlichkeit, daß im gegenwärtigen Wurf Za realisiert wird, wenn im vorhergehenden Wurf i realisiert wurde. Entsprechend bezeichnet $P(\mathrm{Za} \setminus \mathrm{W})$ die Wahrscheinlichkeit, daß im gegenwärtigen Wurf W realisiert wird, wenn im vorhergehenden Wurf Za realisiert wurde usw. Es ergeben sich folgende Übergangswahrscheinlichkeiten:

$$P(\mathrm{Za} \setminus \mathrm{Za}) = P(\mathrm{Za} \setminus \mathrm{W}) = \frac{1}{2}$$

$$P(\mathrm{W} \setminus \mathrm{Za}) = P(\mathrm{W} \setminus \mathrm{W}) = 0$$

$$\left.\begin{aligned} P(\mathrm{W} \setminus i) &= \frac{1}{6} \\ P(\mathrm{Za} \setminus i) &= 0 \end{aligned}\right\} \text{für } i = 1, \ldots, 6$$

$$P(j \setminus i) = \begin{cases} \frac{1}{6} \text{ für } j = 1, 3, 5 \\ 0 \text{ für } j = 2, 4, 6 \end{cases} \qquad i = 1, \ldots, 6$$

$$P(j \setminus \mathrm{Za}) = P(j \setminus \mathrm{W}) = \begin{cases} \frac{1}{2} \text{ für } j = 2, 4, 6 \\ 0 \text{ für } j = 1, 3, 5. \end{cases}$$

Es handelt sich hier um eine MARKOV-Folge erster Ordnung in $X_W \cup X_M$. Die Wahrscheinlichkeit für die Realisierung eines $x \in X_W \cup X_M$ im gegenwärtigen Wurf ist eindeutig durch das Resultat des vorhergehenden Wurfes bestimmt. Umgangssprachlich wird der Begriff „Wahrscheinlichkeit" auch in völlig anderer Bedeutung verwendet. Ein Beispiel soll das verdeutlichen.

Eine Aussage wie: „Die Wahrscheinlichkeit, daß ich eine bestimmte Prüfung bestehe, ist 0,5.", die eine subjektive Einschätzung des Leistungsvermögens ausdrückt, ist im Sinne der relativen Häufigkeit nicht nachprüfbar. Es handelt sich um einen Einzelfall.

Unabhängig von Überlegungen zur experimentellen Überprüfbarkeit geht die mathematische Wahrscheinlichkeitstheorie von einem axiomatisierten Begriff des Wahrscheinlichkeitsraumes aus. Ein Wahrscheinlichkeitsraum $\mathfrak{W}$ ist durch eine Menge X (die Menge der Elementarereignisse), eine σ-Algebra $\mathfrak{A}_\sigma$ (auch Ereignisalgebra) und ein Wahrscheinlichkeitsmaß $\hat{P}$ definiert

$$\mathfrak{W} = (X, \mathfrak{A}_\sigma, \hat{P}).$$

Dabei setzen wir X als höchstens abzählbar unendlich voraus. Eine σ-Algebra A_σ in X ist eine Teilmenge der Potenzmenge $P(X)$ $\mathfrak{A}_\sigma \subseteqq P(X)$ für die gilt:

1. Aus $X' \in \mathfrak{A}_\sigma$ folgt $X \setminus X' \underset{Df}{=} \overline{X} \in \mathfrak{A}_\sigma$

2. Ist $X_i \in \mathfrak{A}_\sigma$, $i = 1, 2, \ldots$, so folgt

$$\bigcup_i X_i \in \mathfrak{A}_\sigma \quad \left(\text{bzw. } \bigcap_i X_i \in \mathfrak{A}_\sigma\right).$$

Ohne Mühe zeigt man, daß die leere Menge $\emptyset \in A_\sigma$ und daß $X \in \mathfrak{A}_\sigma$ sind.

Ein diskretes Wahrscheinlichkeitsmaß $\hat{P}$ auf $\mathfrak{A}_\sigma$ ist eine Abbildung $\hat{P}\colon \mathfrak{A}_\sigma \to \langle 0, 1\rangle$ mit den Bedingungen

1. $\hat{P}(X') \geqq 0$ für alle $X' \in \mathfrak{A}_\sigma$

2. $\hat{P}(X) = 1$

3. $\hat{P}\left(\bigcap_i X_i\right) = \sum_i \hat{P}(X_i)$ für $X_i \in \mathfrak{A}_\sigma$ und $X_i \cap X_j = \emptyset$ für $i \neq j$ (σ-Additivität),

wobei X eine diskrete, höchstens abzählbar unendliche Menge und $\mathfrak{A}_\sigma$ eine σ-Algebra in X ist.
In vielen Fällen ist $\mathfrak{A}_\sigma = P(X)$.

Ist $P(X') > 0$, $X', X'' \in \mathfrak{A}_\sigma$, dann ist $P(X''/X')$, die bedingte Wahrscheinlichkeit für X'' unter der Bedingung X' durch

$$P(X''/X') = \frac{\hat{P}(X'' \cup X')}{\hat{P}(X')} \tag{113}$$

definiert.

Zwei Ereignisse X' und X'', $X', X'' \subseteqq X$ sind stochastisch unabhängig, wenn

$$P(X''/X') = \hat{P}(X'')$$

bzw. $$P(X'' \cap X') = P(X'') \cdot P(X')$$
erfüllt ist.

Aus (113) ergibt sich für $X_i \in \mathfrak{A}_\sigma$, $i = 1, \ldots, n$; $n > 1$,

$$P(X_n \cap X_{n-1} \cap \cdots \cap X_2/X_1) = P(X_2/X_1) \cdot P(X_3/X_2 \cap X_1) \times P(X_4/X_3 \cap X_2 \cap X_1) \cdot \ldots P(X_n/X_{n-1} \cap X_{n-2} \cap \cdots \cap X_1). \tag{114}$$

Unter einer Zufallsfolge $\hat{\alpha}$ in X verstehen wir formal eine Abbildung $\hat{\alpha}: F(X) \to \langle 0,1 \rangle$, die jedem Wort $p \in F(X)$ eine reelle Zahl $\hat{\alpha}(p) \in \langle 0,1 \rangle$ zuordnet mit der Bedingung

$$\begin{aligned} \hat{\alpha}(\Lambda) &= 1, \\ \hat{\alpha}(p) &= \sum_{x \in X} \hat{\alpha}(px). \end{aligned} \tag{115}$$

$\hat{\alpha}(p)$ bezeichnen wir als die Auftretenswahrscheinlichkeit des Wortes $p \in F(X)$.

Ist $\hat{\alpha}$ eine Zufallsfolge in X, so gibt

$$\alpha(p\diagdown x)^{1)} \underset{Df}{=} \begin{cases} \frac{\hat{\alpha}(px)}{\hat{\alpha}(p)} & \text{für } \hat{\alpha}(p) > 0 \\ \text{nicht definiert} & \text{sonst} \end{cases} \tag{116}$$

die Wahrscheinlichkeit von x unter der Bedingung p an. α kann man als eine eindeutige Abbildung von F(X) in die Menge der diskreten Wahrscheinlichkeitsmaße auffassen, die jedem $p \in F(X)$ mit $\hat{\alpha}(p) > 0$ ein diskretes Wahrscheinlichkeitsmaß in X zuordnet. Für alle $x \in X$ und für alle $p \in F(X)$ mit $\hat{\alpha}(p) > 0$ gilt

$$\alpha(p\diagdown x) \in \langle 0,1 \rangle, \tag{117}$$

$$\sum_{x \in X} \alpha(p\diagdown x) = 1 .$$

Für $p = x_1 \cdots x_n$ bestimmt sich $\hat{\alpha}(x_1 \cdots x_n)$ aus den Übergangswahrscheinlichkeiten zu

$$\hat{\alpha}(x_1 \cdots x_n) = \hat{\alpha}(\Lambda) \cdot \alpha(\Lambda\diagdown x_1) \cdot \alpha(x_1\diagdown x_2) \cdot \alpha(x_1 x_2\diagdown x_3) \cdots \alpha(x_1 \cdots x_{n-1}\diagdown x_n) \tag{118}$$

mit $\hat{\alpha}(\Lambda) = 1$ (vgl. 114).

Eine Zufallsfolge läßt sich also gleichwertig durch ihre Auftretens- oder Übergangswahrscheinlichkeiten beschreiben. Als spezielle Zufallsfolgen betrachten wir MARKOV-Folgen k-ter Ordnung ($k \geqq 0$).

$\hat{\alpha}$ heißt genau dann MARKOV-Folge k-ter Ordnung ($k \geqq 0$) in X, wenn $\hat{\alpha}$ Zufallsfolge in X ist und

$$\alpha(pr\diagdown x) = \alpha(p'r\diagdown x) \text{ mit } \hat{\alpha}(pr) > 0,\ \hat{\alpha}(p'r) > 0 \tag{119}$$

für jedes $p, p', r \in F(X)$ und $|r| = k$, $x \in X$, gilt.

[1]) Im Falle von Zufallsfolgen schreiben wir die Bedingung p, unter der x realisiert wird, in Übereinstimmung mit der Verarbeitung von Wörtern in Automaten links von x.

MARKOV-Folgen 0-ter Ordnung heißen *Bernoulli-Folgen.*

Ist $\hat{\beta}$ eine BERNOULLI-Folge in X, dann gilt ($k > 0$)

$$\hat{\beta}(\mathrm{x}_1 \cdots \mathrm{x}_k) = \hat{\beta}(\mathrm{x}_1)\,\hat{\beta}(\mathrm{x}_2) \cdots \hat{\beta}(\mathrm{x}_k). \qquad (120)$$

In praktischen Fällen werden MARKOV-Folgen k-ter Ordnung $\hat{\Gamma}_k$ oftmals durch eine Anfangsverteilung über Wörtern der Länge k und durch ihre Übergangswahrscheinlichkeit definiert.

Man kann dann stets eine MARKOV-Folge $\hat{\alpha}$ angeben, so daß $\hat{\alpha}(\mathrm{p}) = \hat{\Gamma}_k(\mathrm{p})$ für alle $\mathrm{p} \in \mathrm{F(X)}$ mit $|\mathrm{p}| \geqq k$ gilt.

13. Bezeichnungen (vgl. auch Anhang von [42] und [43])

X und Y seien Mengen. Dann bezeichnen:

$\mathrm{X} \cup \mathrm{Y} = \{\mathrm{x}/\mathrm{x} \in \mathrm{X} \text{ oder } \mathrm{x} \in \mathrm{Y}\}$ Vereinigung,
$\mathrm{X} \cap \mathrm{Y} = \{\mathrm{x}/\mathrm{x} \in \mathrm{X} \text{ und } \mathrm{x} \in \mathrm{Y}\}$ Durchschnitt,
$\mathrm{X} \setminus \mathrm{Y} = \{\mathrm{x}/\mathrm{x} \in \mathrm{X} \text{ und } \mathrm{x} \notin \mathrm{Y}\}$ Differenz,
$\mathrm{X} \times \mathrm{Y} = \{\mathrm{x}, \mathrm{y}/x \in \mathrm{X} \text{ und } \mathrm{y} \in \mathrm{Y}\}$ karthesisches Produkt.
$\mathrm{X}^k = \underbrace{\mathrm{X} \times \mathrm{X} \times \cdots \times \mathrm{X}}_{k}$,

F(X): freie Halbgruppe über X,
Λ: leeres Wort, Einselement der freien Halbgruppe,
P(X): Potenzmenge von X,
$\emptyset$: leere Menge,
|X|: Kardinalzahl von X, für endliche Menge X Anzahl der Elemente von X,
|p|: Anzahl der Buchstaben des Wortes $\mathrm{p} \in \mathrm{F(X)}$ oder Länge von p, z. B. $|\mathrm{p}| = n$ falls $\mathrm{p} = \mathrm{x}_1 \cdots \mathrm{x}_n$ und $\mathrm{x}_i \in \mathrm{X}$ für $i = 1, \ldots, n$, $\mathrm{x}^k = \underbrace{\mathrm{x}\mathrm{x} \cdots \mathrm{x}}_{k}$,
GF(p): GALOIS-Feld über der Primzahl p,
$\langle 0,1 \rangle$: abgeschlossenes reelles Intervall von 0 bis 1.

14. Literatur

[1] Starke, P. H., Abstrakte Automaten, VEB Deutscher Verlag der Wissenschaften, Berlin 1969.

[2] Zadeh, L. A., Fuzzy sets, Inform. and Control **8** (1965) 338–353.

[3] Carlyle, J. W., Reduced forms of stochastic sequential machines, Journal of Mathematical Analysis and Applications **7** (1963) 167–175.

[4] Rabin, M. O., Probabilistic automata, Inform. and Control **6** (1963) 230–245.

[5] Бухараев Р. Г., Вероятностные автоматы, Исд. казанского ун-та 1970.

[6] Claus, V., Stochastische Automaten, B. G. Teubner, Stuttgart 1971.

[7] Ott, E. H., Theory and Applications of stochastic sequential machines, Research Report, Sperry Rand Res. Centre Sundburry 1966.

[8] Paz, A., Homomorphisms between stochastic machines and related problems, Mathematical Systems Theory **2** (1968) 223–245.

[9] Starke, P. H., Die Reduktion von stochastischen Automaten, EIK **4** (1968) 93–100.

[10] Nawrotzki, K., Eine Bemerkung zur Reduktion stochastischer Automaten, EIK **2** (1966) 191–193.

[11] Even, S., Comments on the minimesation of stochastic maschines, IEEE Trans. Elektr. Comp. EC **14** (1965) 634–637.

[12] Shannon, C., The mathematical theory of communications, Urbana. 1949.

[13] Fey, P., Informationstheorie, 3. Aufl., Akademie-Verlag, Berlin 1968.

[14] Gilbert, E. J., On the identifiability problem for functions of finite Markov-chains, Ann. Math. Statist. **30** (1959) 688–697.

[15] Церцвадзе, Г. Н., Некоторые свойства и методы синтеза стохастических автоматов, Автоматика и телемеханика **24** (1963) 341—352.

[16] Ченцов, В. М., Об одном методе синтеза автономного стохастического автомата, Кибернетика **3** (1968) 32—35.

[17] Маркаров, С. В., О реализации стохастических матриц конечными автоматами, Сб. Вычислительные системы, Вып. 9, Новосибирск 1963.

[18] Murray, F. J., Mechanisms and robot. J. ACM **2** (1955) 61—82.

[19] Поспелов, Д. А., Вероятностные автоматы, Энергия, Москва 1970.

[20] Paz, A., Introduction to Probabilistic Automata, Academic Press, New York 1971.

[21] Gössel, M., und Modrow, H. D., Zur Realisierung stochastischer Automaten aus Zufallsgeneratoren und determinierten Automaten, EIK **8** (1972) 325—334.

[22] Чирков, М. К., и Шилкевич, Т. П., О реализчемости вероятностных автоматов автоматами со случайными входами, Методы Вычислении **6** (1970) 127—136.

[23] Схидладзе, Р. Л., О синтезе р-схемы из контактов со случайными дискретными сотояниями, Сообщения акад. наук грузинской ССР **26** (1961) 181—186.

[24] Gill, A., Synthesis of probability transformers, J. Franklin Inst. **274** (1962) 1—19.

[25] Kemeny, J. G., and Snell, J. L., Finite Markov chains, Van Nostrand, Princeton 1960.

[26] Modrow, H. D., und Gössel, M., Zur Verarbeitung von Zufallsfolgen durch abstrakte Automaten, I. Grundlagen, Verarbeitung von Bernoulli-Folgen, lineare Markov-Folgen, EIK **9** (1973) 433—454.

[27] Modrow, H. D., und Gössel, M., Zur Verarbeitung von Zufallsfolgen durch abstrakte Automaten, II. Verarbeitung von Markov-Folgen EIK **9** (1973) 549—567.

[28] Gössel, M., und Modrow, H. D., Über Zusammenhänge von Automatenklassen und Klassen von Zufallsfolgen, EIK (in Vorbereitung).

[29] Бухараев, Р. Г., Некоторые эквивалентности в теории вероятностных автоматов, Сб. Вероятностные методы и кибернетика, вып. 3, изд. Казанского ун-та (1964) 45—65. (Ученые записки **124**, кн. 2).

[30] Бухараев, Р. Г., Автоматнос преобразование вероятностных последовательностей. Сб. Вероятностные методы и кибернетика, вып. 4, изд. Казанского Ун-та (1965) 24—33, (Ученые записки **125**, ки. 6).

[31] Knast, R., Linear Probabilitic Sequential Machines, Inform. and Control **15** (1969) 111—129.

[32] Цетлин, М. Л., Исследования по теории автоматов и моделированию биологических систем, Наука, Москва 1969.

[33] Варшавский, В. И., и Воронцова, И. П., О поведении стохастических автоматов с переменной структурой, Автоматика и телемеханика **24** (1963) 353—360.

[34] Варшавский, В. И., Коллективное поведение автоматов, Наука, Москва 1973.

[35] Fu, K. S., Adaptive Learning and Pattern Recognition Systems, Ed. by Mendel, J. M. and Fu, K. S., Academic Press New York 1970.

[36] Feichtiger, G., Lernprozesse in stochastischen Automaten, Springer-Verlag, Berlin, Heidelberg, New York 1970 (Lecture Notes in Operations Research and Mathematical Systems **24**).

[37] Maibaum, G., und Mühlmann, P., Über mehrdimensionale stochastische Ketten und stochastische Automaten, Math. Nachr. **17** (1974) 247—257.

[37a] Mühlmann, P., und Nicht, W., Die Behandlung stochastischer Automaten mittels mehrdimensionaler Markovscher Ketten mit Anwendung bei Problemen der Steuerung stochastischer Prozesse, Diss. TU Dresden 1973 (Fakultät für Naturwiss. und Mathematik).

[38] Gill, A., Linear sequential circuits, Mc Graw-Hill Inc., New York 1966.

[39] Kaufmann, A., Zuverlässigkeit in der Technik (Übers. aus dem Franz.) Oldenburg-Verlag, München 1970.

[40] Лоренц, А. А., Элементы конструктивной теории вероятностных абтоматов, Рига 1972.

[41] Левин, В. И., Элементы матричной теории надежности автоматов, Рига 1973.

[42] Gössel, M., Angewandte Automatentheorie I, WTB **116**, Akademie-Verlag, Berlin 1972.

[43] Gössel, M., Angewandte Automatentheorie II, WTB **117**, Akademie-Verlag, Berlin 1972.

[44] Dauscha, W., Zur Realisierbarkeit unendlicher stochastischer Automaten aus Zufallsgeneratoren und determinierten Automaten, EIK (1975) in Druck.

Sachverzeichnis

Der Autor

- führt anschaulich die mathematischen Grundbegriffe für stochastische Automaten ein
- untersucht strukturelle Fragen der Realisierung autonomer, nichtautonomer und kombinatorischer Automaten
- behandelt ausführlich die Verarbeitung von Zufallsfolgen in Automatenklassen
- geht auf das Rückkopplungsprinzip in der Automatentheorie ein
- wendet sich hauptsächlich an einen anwendungsorientierten, technisch-naturwissenschaftlich interessierten Leserkreis

WISSENSCHAFTLICHE TASCHENBÜCHER